ELİNİZİN ALTINDAKİ GERÇEKLER

FİZİĞİ TANIYALIM

IŞIK VE SES

Çeviri: **Ekrem Emre Sezer**

TÜBİTAK
Popüler Bilim Kitapları

TÜBİTAK Popüler Bilim Kitapları 628

Elinizin Altındaki Gerçekler - Fiziği Tanıyalım - Işık ve Ses
Facts at Your Fingertips - Introducing Physics - Light and Sound
Editör: Lindsey Lowe

Çeviri: Ekrem Emre Sezer

© Brown Bear Book Ltd., 2012
Brown Bear tarafından yayımlanmıştır.
BROWN LTD, First Floor, 9-17 St Albans Place, London, N1 0NX,
United Kingdom tarafından projelendirilmiş ve üretilmiştir.

Türkçe Yayın Hakkı © Türkiye Bilimsel ve Teknolojik Araştırma Kurumu, 2013

Bu kitabın bütün hakları saklıdır. Yazılar ve görsel malzemeler,
izin alınmadan tümüyle veya kısmen yayımlanamaz.

TÜBİTAK Popüler Bilim Kitapları'nın seçimi ve değerlendirilmesi
TÜBİTAK Kitaplar Yayın Danışma Kurulu tarafından yapılmaktadır.

ISBN 978 - 975 - 403 - 880 - 4
Yayıncı Sertifika No: 15368

1. Basım Haziran 2014 (5000 adet)
2. Basım Ağustos 2019 (5000 adet)

Genel Yayın Yönetmeni: Bekir Çengelci
Mali Koordinatör: Adem Polat
Telif İşleri Sorumlusu: Esra Tok Kılıç

Yayıma Hazırlayan: Umut Hasdemir
Sayfa Düzeni: Elnârâ Ahmetzâde
Basım İzleme: Duran Akca

TÜBİTAK
Kitaplar Müdürlüğü
Akay Caddesi No: 6 Bakanlıklar Ankara
Tel: (312) 298 96 51 Faks: (312) 428 32 40
e-posta: kitap@tubitak.gov.tr
esatis.tubitak.gov.tr

Fersa Matbaacılık Pazarlama San. ve Tic. Ltd. Şti.
Ostim 36. Sokak No: 5/C-D Yenimahalle Ankara
Tel: (312) 386 17 00 Faks: (312) 386 17 04 Sertifika No: 16216

İÇİNDEKİLER

Işığın Üretimi	4
Enerji Biçimi Olarak Işık	6
Işığın Yayılımı	8
Işık Hızı	10
Işığın Yansıması ve Kırılması	12
Prizmalar ve Mercekler	18
Işık ve Renk	22
İnsan Gözü	24
Işığın Kullanım Şekilleri	26
Ses Dalgaları	32
Ses Dalgalarının Özellikleri	34
Titreşen Teller	36
Titreşen Hava Sütunları	38
Titreşen Katılar	40
Ses Hızı	44
Ses Üstü ve Ses Altı Titreşimler	46
Sesin Yansıması ve Kırılması	50
İnsan Kulağı	54
İnsan Sesi	56
Sesin Kaydı ve Reprodüksiyonu	58
Sözlük	62
Dizin	63

Elinizin Altındaki Gerçekler – Fiziği Tanıyalım kitapları, fizik öğreniminin temelini oluşturan yöntemleri ve uygulamadaki sonuçları açıklamaktadır. Hem ışık hem ses, dalgalar halinde hareket eden enerji biçimleridir. Işık bir elektromanyetik ışınım çeşididir ama radyo dalgaları ve x ışınları gibi diğer elektromanyetik ışınım çeşitlerinin aksine, ışığı görebiliriz. Ses dalgaları hareket etmek için bir araca ihtiyaç duyarlar; bu araç genellikle havadır ancak ses sıvılar ve katılarda da hareket eder. Işık ve Ses'te ışığın özellikleri, yani ışığın nasıl üretildiği, nasıl hareket ettiği, nasıl yansıtıldığı ve kırıldığı, rengi ve insan gözünün nasıl çalıştığı yer alıyor. Kitapta ayrıca, sesin özellikleri ve ses üretimi ile ses kaydının çeşitli yöntemleri, insan kulağının sesi algılayışı ve sesi nasıl ürettiğimiz ile ilgili bölümler de yer almaktadır.

Birçok açıklayıcı şekil ve bilgilendirici fotoğrafın yanı sıra, açıklanan konularla veya fiziğin gelişmesinde önemli rol oynamış olan bilim insanlarıyla ilgili detaylı bilgiler ve temel "bilimsel terimlerin" tanımları kitabın kapsamını genişletmektedir. "Deneyin" bölümleri uygulamalı araştırmaların ilk basamağını oluşturabilecek deneyleri özetlemektedir.

IŞIĞIN ÜRETİMİ

Işık, çıplak gözle görebildiğimiz tek ışınım (radyasyon) türüdür. Bir şey çok ısındığında ışık üretir, bu ışık örneğin, bir mum alevinde ya da bir elektrik ampulünün telinde gözlemlenebilir. Ayrıca, sıcak ışık kaynaklarının yanı sıra floresan lamba ya da ateş böceği gibi soğuk ışık kaynakları da vardır.

Balmumu ya da gaz gibi yanan bir yakıttan çıkan alevler insanların ilk ışık kaynaklarıydı. Mumlar, tel benzeri bir fitilin etrafını silindir halindeki balmumuyla sararak yapılır. Isı, fitilin yakınındaki balmumunu eritir ve balmumu da eriyerek ışık üretir. Gaz lambalarının da, içinde gazyağının bulunduğu bir gaz haznesine batan fitilleri vardır. Mumda ve gaz lambasında yakıtın yanması, yakıtın oksijenle tepkimeye girerek ısı ve ışık yaydığı bir kimyasal tepkime olan yanmaya örnektir.

Fitillerle ilgili ilk büyük gelişme gazın, hava gazı kullanılarak tutuşturulması tekniğinin bulunmasıyla meydana geldi. Bu yanıcı gaz normalde sarı dumanlı bir alevle yanar. Ancak gaza; hava ve lamba fitili eklendiğinde, beyaz ışık elde edilir. Bu fitil, gaz aleviyle

BİLİMSEL TERİMLER

- **Akkor** Isıtılan bir nesneden ışık yayılması.
- **Akkor telli lamba** Argon gibi kimyasal olarak etkimeyen bir gazdan az miktar içeren bir cam küre içinde genellikle tungstenden yapılmış bir teli olan elektrik ampulü.
- **Floresan ampul** Her iki ucunda elektrotlar olan, cıva buharı içeren bir tüpten oluşan bir elektrik ampulü. Elektrotlar arasında akan elektrik akımı cıva buharının morötesi ışık yaymasını sağlar. Bu ışık tüpün, parlak beyaz ışık yayan bir madde olan fosfordan yapılmış kenarına çarpar.

Ateş böceği, karnından ışık üreten bir böcek çeşididir. Farklı türler, birbirlerini fark edebilmeleri için farklı oranlarda ışıldarlar. Işık, böceğin vücudunda gerçekleşen kimyasal bir işlemle üretilir.

tutuşturulduğunda parlak bir ışık yayarak akkor haline gelen çeşitli nadir metallerin oksitleriyle kaplı bir kumaştır.

Elektrikten elde edilen ışık

Elektrik ışığının ilk biçimi ark ışığıydı. 1808'de İngiliz bilim insanı Humphry Davy'nin (1778-1829) geliştirdiği ark ışığını, uçları birbirinden biraz ayrı olan iki karbon çubuktan yararlanarak elde etmişti. Bu karbon çubuklara elektrot denilir. Elektrotlar yüksek voltajlı bir kaynağa bağlandığında, aralarında ark denen çok parlak bir kıvılcım oluşur. Metal elektrotları olan modern ark ışıkları, film projektörlerinde ve ışıldaklarda kullanılır.

IŞIK VE SES

Bir elektrik akımı ince bir parça telden geçtiğinde teli ısıtır. Tel erimeden ya da yanmadan önce, kızıllaşabilir hatta akkor hale gelebilir. 1870'lerde Birleşik Devletler ve Büyük Britanya'daki mucitler, teli yanıp tükenmeden akkor halinde kalabilen bir elektrik ampulü yapmanın yolunu bulmaya çalıştılar. 1879'da Birleşik Devletler'de Thomas Alva Edison (1847-1931) ve Büyük Britanya'da Joseph Swan (1828-1914) birbirlerinden bağımsız olarak akkor telli elektrik ampulü ürettiler. Tel olarak, içindeki hava tamamen alınmış olan bir cam kapla çevrelenmiş ince bir karbon elyafı kullandılar. Modern ampullerde tel olarak ince bir parça tungsten vardır ve hava boşluğu yerine argon gibi kimyasal tepkimeye girmeyen bir soy gaz bulunur.

Soğuk ışık

19. yüzyılın sonlarına doğru bilim insanları elektriği gazlardan geçirerek deneyler yaptı: metal elektrotlar düşük basınçta gaz içeren cam tüplerin içinden akım taşıyordu. Örneğin, neon gazı, reklam tabelalarında kullanılan parlak turuncu bir ışık üretir. Cıva buharı mavi-yeşil bir ışık üretir. Modern floresan lambaların içi, cıva buharı ışığıyla aydınlatıldığında beyaz ışık yayan fosforla kaplıdır.

Doğal dünyada, bazı hayvan ve bitkiler ışık üretir. Bildik örnekler olan ateş böceklerinin yanı sıra, okyanus dibinin karanlığında avını çekmek için ışık yayan fener balığı gibi bazı derin deniz balıkları da vardır. Işık üretiminin bu çeşidine biyoluminesans denir.

ELEKTRİK IŞIĞI

En eski elektrik ışığı çeşidi olan ark ışığında, yüksek voltajlı bir kıvılcım bir çift karbon elektrot arasından geçirilirdi. Akkor telli modern ampullerde, elektrik akımı ampulde bulunan tungsten teli akkor hale gelene kadar ısıtır.
Bir floresan lambada ışık, cıva buharının içinden geçen bir elektrik akımının ürettiği mavi-yeşil ışık tarafından aydınlatıldığında ışıldayan bir fosfordan gelir.

Floresan lamba
- Cam tüp
- Elektrik temas noktası
- Elektrot
- Cam tüpün içindeki fosfor kaplama

Akkor ampul
- Tungsten tel
- Cam
- Soy gaz
- Destek telleri
- Besleme teli
- Sigorta
- Elektrik temas noktası

BİR ENERJİ BİÇİMİ OLARAK IŞIK

Önceki sayfalarda, kimyasal tepkimeler ve elektriğin ışık üretebildiğini gördük. Şimdi, ışığın diğer enerji biçimlerine nasıl dönüştürülebildiğine ve böylece bitkilerin büyümesini nasıl sağladığına ve ayrıca, örneğin bir uzay aracını çalıştırmaya yetecek elektriği nasıl üretebildiğine bakacağız.

Dünya'nın başlıca enerji kaynağı, Güneş'ten gelen ışıktır. Onun yokluğunda hiçbir yaşam biçimi uzun süre hayatta kalamaz. Bunun sebebi, güneş ışığının, yeşil bitkilerin havadaki karbondioksiti ve topraktaki suyu oksijen ile şeker ve nişasta gibi gıdalara dönüştürdüğü işlem olan fotosentez için gereken enerjiyi sağlamasıdır. Hayvanlar ya otçuldur ya da etçildir (yani bitki yiyen diğer hayvanları yerler) ve güneş ışığı olmazsa, bitkiler ve hayvanlar da olmaz.

Tarlada büyümekte olan mısırlar güneş ışığını emer, güneş ışığı enerjisini kullanarak karbondioksit ve suyu, şeker ve oksijene dönüştürür. Şeker, bitkilerde depolanırken oksijen havaya karışır.

BİLİMSEL TERİMLER

- **Elektron** Negatif elektrik yüklü bir atomaltı parçacık. Elektronlar bir atomun çekirdeğini çevrelerler. Elektrikte, magnetizmada ve ısı iletiminde önemli rol oynar.
- **Fotoelektrik hücre** Fotosel de denir. Işık vurduğunda elektron yayan silikon gibi bir elementten oluşan, akım üreten bir alet.
- **Güneş paneli** 1. Yüzlerce fotoelektrik hücreden oluşan ve örneğin bir uzay aracına elektrik gücü sağlamak gibi amaçlarla kullanılan alet. 2. Siyaha boyanmış, ince bir su deposu. Güneş'in ışınımını emer, böylece su ısınır.

Işığın diğer enerji biçimlerine dönüştürülmesi

Fotosentezde ışık enerjisi kimyasal enerjiye dönüştürülür, bu enerji de sonra şekerde ve diğer bitki dokularında depolanır. Bu doğal, biyolojik bir işlemdir. Ancak ışığın elektriğe dönüştürülmesi, oldukça gelişmiş bir fizik bilgisi gerektirir.

En basit dönüştürme biçimi, bir fotoelektrik hücrede gerçekleşir (bu tıpkı bir fotoğrafçının ışık ölçerinde ışık düzeylerini ölçmeye benzer). Bir fotoelektrik hücrenin en önemli maddesi, yarı metal bir element olan silikon gibi, üzerine ışık vurduğunda elektron yayan bir maddedir. Elektronlar toplanırlar ve bir elektrik akımı oluştururlar. Fotoelektrik hücreler sokak ışıklarını otomatik olarak yakmak ve söndürmekte (gün ışığı miktarına tepki gösterir) ve hırsız alarmlarında kullanılır.

IŞIK VE SES

Işığın ısıya dönüştürülmesi

Bazı binaların çatılarında farklı türden güneş panelleri görebilirsiniz. Bu paneller, içinde su bulunan çok ince panellerdir ve geniş yüzeylerinden biri karartılmıştır. Günün çoğunda Güneş'i görecek şekilde yerleştirilirler. Karartılmış yüzey, gün ışığını emer ve panelden pompalanan suyu ısıtır. Ilık su bir ısıtma sisteminde kullanılabilir; ılık suyu ısıtmak, soğuk suyu ısıtmaktan daha az enerji gerektirir.

Tek bir fotoelektrik hücrenin ürettiği akım oldukça küçüktür. Daha büyük akımlar için yüzlerce hücre, paneller halinde inşa edilir. Bu türden büyük güneş panellerinden üretilen güç, haberleşme için ve uzay araçlarını kontrol etmek için kullanılır.

Bir çatıdaki güneş panelleri Güneş'ten gelen ışınımı toplar ve evlerde kullanılmak üzere elektriğe dönüştürür. Bir başka güneş paneli çeşidinde, ışınım evlerin sıcak su sistemlerinde kullanılmak üzere suyu ısıtır.

UZAYDA GÜÇ NASIL SAĞLANIR?

Magellan uzay aracındaki geniş "kanatlar"ın her birinde yüzlerce fotosel vardı. Aracın elektronik sistemlerini çalıştırmak için güneş ışığını elektriğe dönüştürüyorlardı.

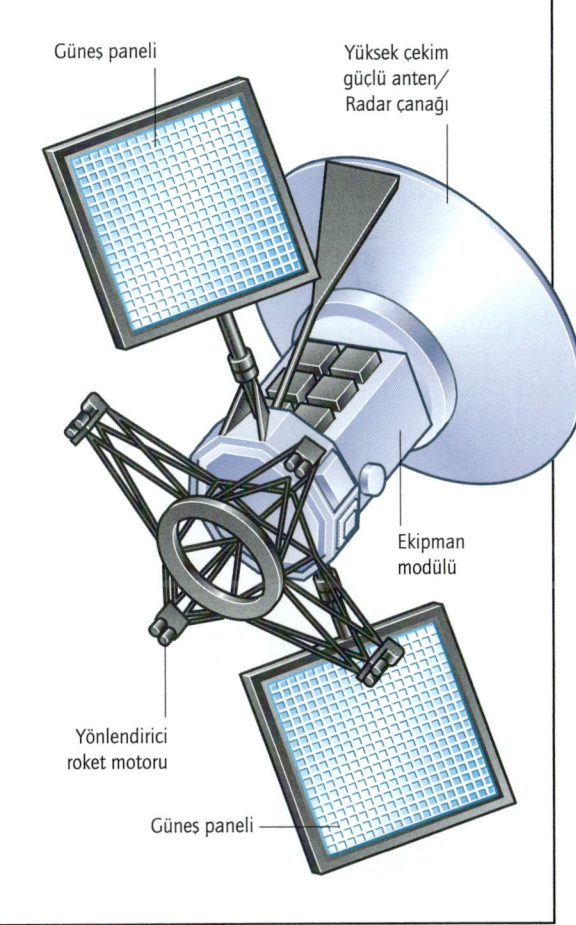

IŞIĞIN YAYILIMI

Güneş ya da elektrikli lamba gibi kaynaklardan çıkan ışık tüm yönlere inanılmaz bir hızda ilerler. Işık, düz çizgiler halinde seyahat eder. Cam ya da temiz plastik gibi şeffaf maddelerin içinden geçer. Işığı geçirmeyen maddelere opak denir ve opak nesneler gölge oluştururlar.

Işığın çizgiler halinde seyahat ettiğini ispat etmek kolaydır, çünkü yolunun üzerindeki opak nesnelerin gölge oluşturmasına neden olur. Küçük, yoğun bir ışık kaynağının ürettiği gölgelerin keskin kenarları vardır. Gölge, kaynaktan çıkan ışık ışınlarının ulaşamadığı alandır.

Görebileceğimiz en büyük gölge, Dünya'nın kendi gölgesidir. Güneş, Dünya'nın uzayda uzun bir gölge oluşturmasına neden olur. Bazen Ay,

AY VE GÜNEŞ TUTULMALARI
(ölçeksiz)

Güneş tutulması sırasında (a) Ay, Dünya ve Güneş'in arasına girerek Güneş'in Dünya'ya ulaşan ışığını keser. Ay tutulması sırasında (b) Dünya, Güneş'ten Ay'a ulaşacak ışığı engeller ve dolayısıyla Ay'ın parlamamasına neden olur.

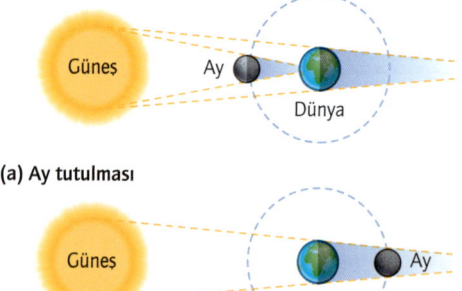

(a) Güneş tutulması

(a) Ay tutulması

Dünya'nın gölgesine girer. Ay, Güneş'ten gelen ışığı yansıtarak parlar. Ancak Dünya'nın gölgesi Ay'ın üzerine düştüğünde, Ay parlayamaz. Bu olaya ay tutulması denir.

Bazense Ay, kendi ekseninde hareket ederken, Dünya ve Güneş'in tam arasından geçer. Ay'ın gölgesi Dünya'nın üzerine düşer. Oluşan bu gölgedeki herkes için Ay, Güneş'in ışığını engeller ve hava neredeyse gece kadar karanlık olur. Bu olaya güneş tutulması denir.

Güneş tutulmaları gökbilimciler için önemlidir, çünkü Güneş'in Güneş çok parlak olduğu için normalde görülmeyen dış atmosferini incelemelerine olanak sağlar.

IŞIK VE SES

Bilgisayarla oluşturulmuş bu görüntüde, Ay Güneş'ten gelen bütün ışığı engelleyerek güneş tutulmasına neden olmak üzere.

Ancak bir tutulma sırasında, Güneş'in bu parlak çemberi engellenir ve dış atmosferi, karanlık Ay'ı çevreleyen pas parlak bir ışık demeti halinde ortaya çıkar.

Güneş ve Ay arasındaki mesafe daima aynı değildir. Ay'ın ekseni kusursuz şekilde düzenli olmadığından, hafif değişiklikler gösterir. Bazen Ay, Güneş'i tamamıyla engellemez. (Bu sayfadaki çizimler ölçeksizdir; gösterilen boyutlar ve mesafeler çok daha büyüktür.)

Işınlar ve ışık demetleri

Düz bir çizgide ilerleyen ışık, ışık ışını olarak bilinir. Sonraki bölümlerde, cilalanmış yüzeyler (aynalar) tarafından yansıtıldıklarında ya da mercekler gibi cam parçalarından geçtiklerinde ışık ışınlarına ne olduğunu açıklayacağız. Işık ışınları toplu haldeyken, bir ışık demeti oluşturur. El fenerleri ve ışıldaklar ışık demetleri üretir.

Işığın birçok özelliği, ışığın dalgalar halinde seyahat ettiği varsayımıyla açıklanabilir. Örneğin, dalga kuramı ışığın ayna tarafından nasıl yansıtıldığını veya gökkuşağı renklerinin sabun baloncuğunda neden göründüğünü açıklar.

Ancak bazı durumlarda ışık, sanki parçacık akımıymış gibi davranır, tıpkı bir makineli tüfekten çıkan yüksek hızlı, ufak mermiler sürüsü gibi. Modern fizik hem dalga kuramına hem de parçacık kuramına açıklama getirebilir.

TAM, HALKALI VE KISMİ TUTULMALAR
(ölçeksiz)

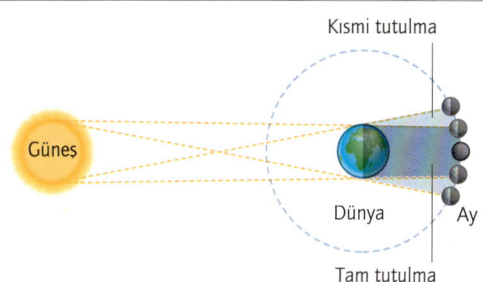

Ay Dünya etrafında, yörüngesinde dönerken, Dünya'nın gölgesi, üzerine düşer ve önce kısmi ardından da tam Ay tutulması oluşur.

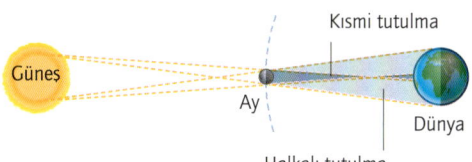

Ay Dünya'dan, normalde olduğundan biraz daha uzak olduğunda, Güneş'in çemberini tamamen kaplayamaz ve bir halkalı Güneş tutulması görürüz.

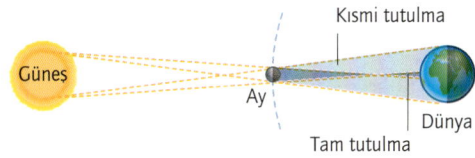

Ay Dünya'ya olağan mesafesindeyken, güneş tutulmasının tam olduğu küçük bir bölge vardır. Diğer yerlerdeki tutulma kısmidir.

BİLİMSEL TERİMLER

- **Ay tutulması** Dünya'nın, Güneş'in oluşturduğu gölgesinin Ay'ın üzerine düştüğünde meydana gelen tutulma.
- **Güneş tutulması** Dünya ile Güneş'in arasına giren Ay'ın sebep olduğu tutulma.
- **Mercek** Kırılma yoluyla, içinden geçen ışık ışınının yönünü değiştiren şeffaf bir malzeme.

IŞIK HIZI

Işık, evrendeki en hızlı şeydir ve hiçbir şey ışıktan daha hızlı hareket edemez. Işığın hızını ölçmek için fizikçiler ve gökbilimciler yıllarca uğraştı. Işık hızı, saniyede 300,000 kilometredir.

Karanlık bir odaya girip ışığı açtığınız zaman, oda sanki anında ışıkla dolup taşıyormuş gibi görünür. Aslında, ışığın gözlerinize ulaşması çok kısa bir zaman alır ama ışık o kadar hızlı seyahat eder ki sanki anında ulaşmış gibi görünür.

Işık hızı, saniyede 300,000 kilometre olarak ölçülmüştür. Bu hızda, Ay'dan yansıyan ışığın Dünya'ya ulaşması bir saniyeden yalnızca biraz daha uzun bir süre alır. Güneş'ten çıkan ışığın Dünya'ya ulaşması için 150 milyon kilometre kat etmesi gerekir, yine de yalnızca yaklaşık 8 dakikada ulaşır.

Ne kadar hızlı seyahat eder?

Uzun yıllar boyunca, ışık hızını ölçmek bilim insanları için zorlu bir mesele oldu. İlk ölçüm, ışık hızını 1676'da Jüpiter'in uydularının tutulmalarını gözlemleyerek kabaca tahmin eden Danimarkalı gökbilimci Ole Rømer (1644-1710) tarafından yapıldı. Ardından 1690'da Hollandalı bilim insanı Christiaan Huygens (1629-1695) ışık hızını saniyede 230,000 kilometrenin çok az üzerinde olarak hesapladı (ki bu doğru değerden yaklaşık yüzde 25 düşüktür).

Bir diskodaki lazer gösterisinden ışık demetleri. Bilim insanları Ay'a bir lazer demeti yönelttiler, o da Apollo astronotlarının bıraktığı bir aynadan yansıyarak Dünya'ya geri döndü. Işık hızı ve lazer demetinin gidiş-dönüşü tamamlayacağı süre bilgisinden yola çıkılarak, Ay'ın uzaklığı kesin olarak bulunabilir.

Daha kesin ölçümler için daha sonraki bilim insanlarının çalışmalarının beklenmesi gerekiyordu. 1849'da, Fransız fizikçi Hippolyte Fizeau (1819-1896) ışığın 18 kilometrelik bir gidiş-dönüş mesafesini tamamladığı süreyi ölçmek için dönen bir dişli çark kullandı. Elde ettiği sonuç, doğru değerin %1'i içerisindeydi. 30 yıldan fazla bir süre sonra Amerikalı bilim insanı Albert Michelson (1852-1931) ışığın kat ettiği mesafeyi 70 kilometreye çıkardı. O, dişli bir çark yerine dönen aynalar kullandı ve elde ettiği ışık hızı değeri günümüzdeki sayıya çok yakındı, tam olarak, saniyede 299.792,5 kilometreydi.

Her iki yöntemde, dönen çark ya da ayna tamburu ışık demetini kesme görevi görüyordu. Çark ya da aynalar bir elektrik motoruyla döndürülüyordu. Gözlemci, ışık

BİLİMSEL TERİMLER

- **Prizma** Beyaz ışığı gökkuşağının renklerine ayırabilen, şeffaf bir malzemeden yapılan genellikle üçgen bir kalıp.
- **Vakum** İçinde hiçbir maddenin atom ve molekülü bulunmayan, tamamıyla boş bir alan.
- **Yansıyan ışık** Bir aynadan yansıyan ışık ışını.

IŞIK VE SES

titremez hale gelene kadar, motorun hızını yavaşça artırıyordu. Ardından da, ışığın gidiş-dönüşü tamamladığı süre, çarkın ya da aynaların dönem hızından yola çıkılarak hesaplanabiliyordu.

Işığı yavaşlatmak

Işık havada, bir vakum içerisinde olduğundan biraz daha yavaş ilerler. Üçgen bir cam kalıba gönderilen bir ışık ışınıysa daha da yavaşlar. Hızı, saniyede yaklaşık 200,000 kilometreye düşer, bu hız vakum içerisindeki ışığın hızının yalnızca üçte ikisidir.

Hızdaki değişimin sonucunda, ışık ışınının cam kalıp içindeki yönü değişir. Bu etkiye kırılma denir, bu etki daha sonra ayrıntılı olarak açıklanacaktır. Yavaşlamanın sebebi, gelen ışık dalgalarının camın atomlarındaki elektronlarla etkileşime girmesidir. Işık ışını cam kalıbı terk eder etmez asıl hızına ve yönüne geri döner. Cam parçaları ışık ışınlarını bu şekilde bükebilir. Mikroskoplarda, dürbünlerde ve diğer araçlarda kullanılan mercekler ve prizmalar böyle çalışır.

IŞIK HIZI: FIZEAU YÖNTEMİ

Işık, yarı gümüşlenmiş bir ayna ile hızla dönen bir çarkın dişlileri arasından 9 km ötedeki bir başka aynaya yansıtılır. Geri dönen ışık demeti sonraki diş çiftinin arasından ve sonra yarı gümüşlenmiş aynanın içinden geçerek gözlemciye ulaşır. Çarkın hızı, ışık demetini 9 km'lik mesafeyi giderken ve dönerken titretmeyecek şekilde ayarlanır.

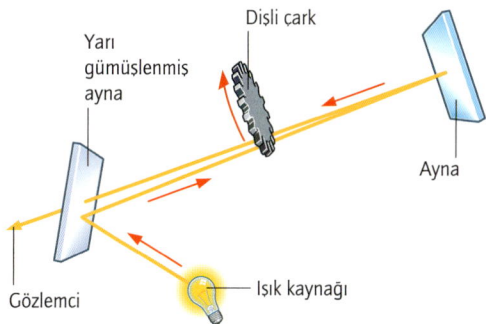

IŞIK HIZI: MICHELSON YÖNTEMİ

Bir ayna döner tamburun üzerindeki ışık demetini 35 km öteye yansıtır. Dönen ışık demeti bir okülere yansıtılır. Tambur, gidiş-dönüş esnasında bir ayna kadar döndüğü zaman görüntü sabit kalır.

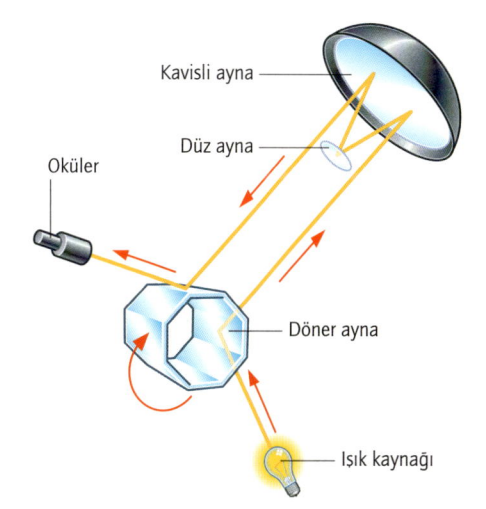

IŞIĞIN YANSIMASI VE KIRILMASI

Bir ışık ışını düz bir aynaya çarptığında yansır. Işık ışını, yerden seken bir top gibi, aynaya çarptığı açının aynısıyla aynadan seker. Kavisli aynalar, içbükey ya da dışbükey olmalarına bağlı olarak farklı davranırlar. Ancak bütün ayna biçimlerinde, kendilerinden yansıyan nesnelerin görüntüsü oluşur.

Her şey, üzerine düşen ışığın birazını yansıtır. Yansıtmasalardı, onları göremezdik. Ancak yansıtılan ışık bütün yönlere dağılır. Düz, ya da düzlem aynalar üzerlerine düşen ışığın neredeyse tamamını aynı yönde yansıtırlar.

Bir aynaya çarpan bir ışık ışınına gelen ışın denir. Işının aynaya çarptığı açı, yani gelen ışın ile aynaya olan bir dik açı arasındaki açı, geliş açısı olarak bilinir. Işık ışınının aynayı terk ettiği açı ise yansıma açısıdır. Işığın yansıma yasalarına göre, bir düzlem ayna için geliş açısı yansıma açısına eşittir. Ayrıca, gelen ışın, dik açı ve yansıyan ışın aynı düzlemde bulunur.

> **BİLİMSEL TERİMLER**
>
> - **Geliş açısı** Gelen ışın ile bir aynaya ya da şeffaf bir malzemeden oluşan bir kalıbın yüzeyine olan dik açı arasındaki açı.
> - **Işığın yansıma yasası** 1. Geliş açısı yansıma açısına eşittir. 2. Gelen ışın, dik açı ve yansıyan ışın aynı düzlemde bulunur.
> - **Yansıma açısı** Yansıyan ışın ile aynaya olan dik açı arasındaki açı.
> - **Yansıyan ışın** Bir ayna tarafından yansıtılan ışık ışını.

Görüntüler oluşturmak

Ayna bir nesneden çıkan bir ışık ışınını yansıttığında, ışın gözlerimize ulaşır. Ardından yansıyan ışının geldiği yöne bakarız ve nesnenin bir görüntüsünü aynanın arkasında görürüz. Bu gerçek bir görüntü değildir, bu görüntüyü aynanın arkasındaki bir ekrana koyamazsınız. Bu nedenle bu, sanal bir görüntüdür. Bir ekrana koyulabilen bir görüntüye gerçek görüntü denir.

Düzlem aynaların bir başka özelliği de, nesnelerin aynı boyutlu görüntülerini oluşturmalarıdır. Görüntü,

IŞIK VE SES

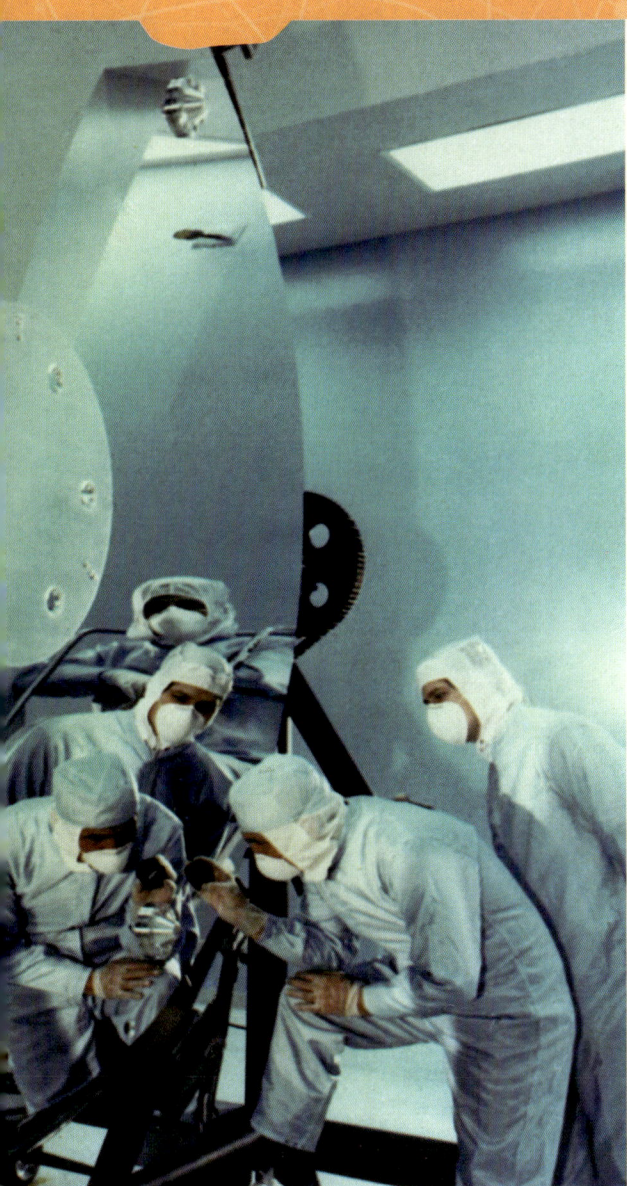

Bu 2,4 metrelik içbükey ayna, 1990 yılında NASA tarafından Dünya etrafındaki yörüngesine taşınmış olan Hubble Uzay Teleskobu için yapılmıştır.

aynanın arkasında, önünde olduğu mesafeyle aynı görünür. Ancak bir aynadaki yansımanıza baktığınızda, yansımanızın soldan sağa ters dönmüş olduğunu görürsünüz. Sağ gözünüzü kırpmayı denerseniz, aynadaki görüntünüzün sol gözünü kırptığını görürsünüz. Sağ ve sol sanki yer değiştirmiş gibi görünür. Fizikçiler bu etkiye yanal terslik derler.

Düzlem aynaların kullanımları

Düzlem aynalar en yaygın olarak, kendi yansımamıza bakmakta kullanılır. Her gün, insanlar saçlarını tararken, makyaj yaparken ya da tıraş olurken bir ayna kullanır. Aynası olmayan kıyafet mağazaları işlerini yürütemez. Aynalar ayrıca, odalara ışık katması ve yer genişliği hissi vermesi için de kullanılır. Dikkatli şekilde yerleştirilmiş bir ayna, odadaki ışığın artırılması açısından bir başka pencerenin daha olması kadar etkilidir. Her zaman bariz bir şekilde bir aynadaki yansımaya ve gerçek bir nesneye bakmadığımız için, illüzyonistler ve sihirbazlar sahne numaralarının bazılarında aynaları kullanırlar.

Periskoplarda da, 45° açılı düzlem aynalar kullanılır. Periskoplar engeller üzerinden bakabilmek için kullanılır, özellikle de geçit törenlerinde ya da spor etkinliklerinde önünüzde bulunan insanların kafalarının üzerinden bakabilecek kadar uzun değilseniz. Denizaltılarda kullanılan periskoplarda aynalar yerine genellikle prizmalar bulunur.

Kavisli aynalar

Şimdiye kadar düzlem aynaların özelliklerine baktık. Kavisli aynalar oldukça farklı bir şekilde davranır. Kavisli aynaların, eğer ayna bir kaşığın içi gibi içeri doğru kavisliyse içbükey ve eğer bir kaşığın dışı gibi dışarı doğru kavisliyse dışbükey olmak üzere iki ana çeşidi vardır.

YANSIMA YASALARI

Bir düzlem aynada geliş açısı ve yansıma açısı eşittir. Gelen ışın, dik açı ve yansıyan ışın aynı düzlemde bulunur.

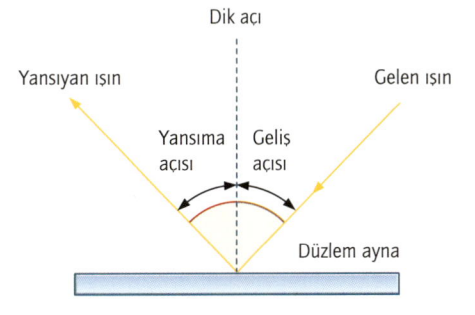

IŞIĞIN YANSIMASI VE KIRILMASI

DENEYİN

Çoklu yansımalar

Tek bir ayna, önüne yerleştirilen nesnenin tek bir yansımasını, yani görüntüsünü üretir. İki ayna iki görüntü oluşmasını sağlar ve dolayısıyla köşelerin etrafını görmenizi sağlar. Bu projede, birden fazla aynadan gelen çoklu yansımaları inceleyeceksiniz.

Ne yapmalı?

İki aynayı, yansıtan yüzeyleri birbirlerine bakacak şekilde bir arada yerleştirin. Aynaları bant ile bir yanlarından birleştirin. Aynaları, çizimde gösterildiği gibi kâğıt üzerine dik olarak koyunuz. Aynaların arasında bir bozuk para yerleştirin. Kaç tane yansıma görebiliyorsunuz? Bozuk paranın yerine örneğin oyuncak araba ya da oyuncak bebek koyun. Bir aynada nesnenin ön tarafını ve aynı zamanda diğer aynada nesnenin yan tarafını nasıl gördüğünüzü not edin. Aslında, bir köşenin etrafını görüyorsunuz. Birbirine yaklaştırarak ve birbirinden uzaklaştırarak aynalar arasındaki açıyı değiştirin. Görüntülerde ne meydana geliyor? Kâğıdın ortasından düz bir çizgi çizin, aynaları çizginin ortasına koyun ve aynaları hafifçe açtıkça ve kapattıkça çizginin yansımalarının nasıl değiştiğini seyredin. Eğer üç aynanız varsa, onları üçgen oluşturacak şekilde bantlayın ve ortaya bir bozuk para koyun. Kaç yansıma görebiliyorsunuz?

Bozuk paralı düzenekte, her iki aynaya da sırayla dikkatli bir şekilde bakın. Tamamen aynı mı görünüyorlar?

Eğer üç aynalı bir düzenek kullanırsanız yansımalar daha karmaşıklaşır.

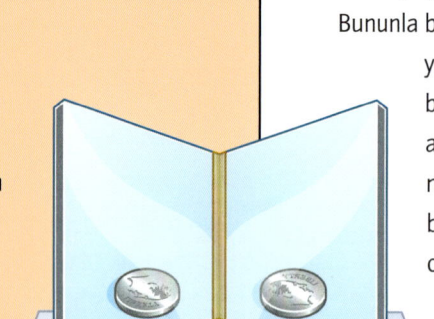

Kavisli olmaları böyle aynalara iki özellik daha katar. Her birinin, aynaya olan dik açılarda, aynanın merkezinden geçen bir ekseni vardır. Ve kavisin yarıçapı, kürenin ortasından aynaya olan mesafedir. Bu kürenin merkezi aynı zamanda aynanın kavis merkezidir.

Bir içbükey aynada, eksene paralel olan ışık ışınları odak olarak bilinen bir noktaya yansıtılır. Bu nedenle bir içbükey aynaya aynı zamanda yakınsak ayna da denir. Bununla birlikte, bir dışbükey ayna paralel ışınları yansıttığında, yansıtılan ışınlar yayılarak saptırıcı bir demet oluşturur. Bu ışınların hepsi aynanın arkasındaki, aynanın odağı denen tek bir noktadan geliyormuş gibi görünür. Bu nedenle dış bükey aynalar aynı zamanda ıraksak aynalar olarak da bilinir. İçbükey aynanın gerçek bir odağı varken, dışbükey aynanın sanal bir odağı vardır. Her iki ayna çeşidinde de odak uzaklığı, yani aynayla odak arasındaki mesafe aynanın kavis yarıçapının yarısı kadardır.

Kavisli aynalarda görüntü

Görüntülerin kavisli aynalardaki oluşumu, düzlem aynalardaki oluşumundan daha karışıktır. Görüntülerin oluşumu aynanın içbükey ya da dışbükey olmasına ve nesnenin aynadan ne kadar uzaklıkta olduğuna bağlıdır. Bir içbükey aynada, dört farklı ihtimal vardır. Nesne aynaya, kavis merkezinden daha uzaksa oluşan görüntü terstir, nesneden daha küçüktür ve aynanın önünde bulunur. Bunu, cilalanmış bir yemek kaşığının içine yalnızca birkaç santimetre öteden bakarak siz de görebilirsiniz.

Nesne içbükey aynanın kavis merkezine daha yaklaştırıldığında, görüntü (yine ters) tam eğim merkezinde nesneyle aynı boyutta olana kadar büyür.

Nesne aynaya daha da yaklaştırıldığında, yani nesne kavis merkezi ile odak arasındayken görüntü yine gerçek ve terstir, ama artık nesneden daha büyüktür. Ayna artık büyük gösterir.

IŞIK VE SES

SNELL YASASI

Temel kırılma yasası olan Snell yasasına göre, geliş açısının sinüsünün kırılma açısının sinüsüne bölümü, kırılma indeksi olarak bilinen bir sabit değerdir.

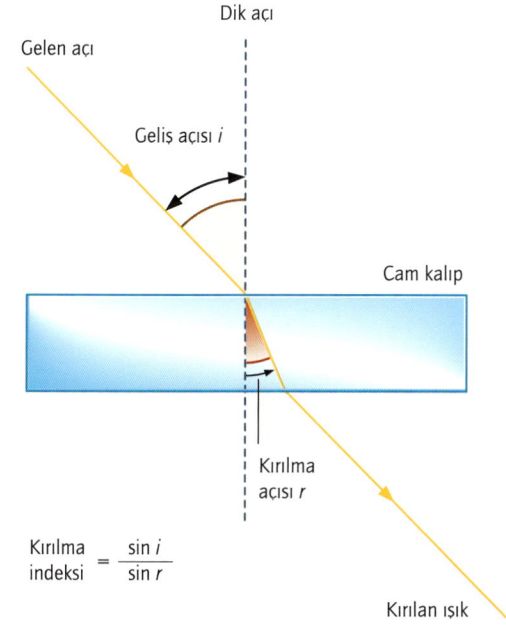

$$\text{Kırılma indeksi} = \frac{\sin i}{\sin r}$$

akarsudaki balıklarsa yüzeye gerçekte olduklarından daha yakın görünürler. Bu göz yanılsamasının sebebi, su altındaki nesnelerden çıkan ışık ışınlarının, yüzeyden çıkarak havada seyahat etmeye başladıklarında aynı yönde gitmeyi sürdürmemeleridir.

Benzer bir etki, ışık ışınları havadan suya geçince meydana gelir. Gelen ışın ile yüzeye olan dik açı arasındaki açıya geliş açısı denir. Su yüzeyinin altında, ışık ışını ile dik açı arasındaki açıya kırılma açısı denir. Havadan suya ya da cama geçtiği zamanda olduğu gibi, ışık daha yoğun bir ortama girdiğinde, kırılma açısı geliş açısından daha küçük olur, yani ışın dik açıya doğru kırılır. Işık, camdan havaya geçmesi gibi, bir ortamdan daha az yoğun bir ortama geçtiğinde, kırılma açısı geliş açısından daha büyük olur, yani ışın dik açıdan uzağa doğru kırılır.

Işığın yansıma yasaları olduğu gibi, kırılma yasaları da vardır. Yasalar açılarla ilgilenir, daha doğrusu açıların kendisi ile değil, açının sinüsü (genellikle sin olarak yazılır) denilen matematiksel bir fonksiyonla ilgilenir. Başlıca yasaya göre, geliş açısının sinüsünün (sin i) kırılma açısının sinüsüne (sin r) bölümünün bütün ortam çiftleri için sabit bir değeri vardır. Bu oran, kırılma indeksi olarak bilinir.

Son olarak nesne, odak ile ayna arasındayken, görüntü sanal hale gelir, yani aynanın arkasında oluşur, büyük görünür ve düzdür. Böyle büyütülmüş görüntüler, tıraş olurken ya da makyaj yaparken kullanılmak üzere tasarlanmış aynalarda görülebilir.

Bir dışbükey ayna her zaman küçültülmüş, düz bir sanal görüntü oluşturur. Dışbükey aynalar motorlu araçlarda dikiz aynası olarak kullanılan türden aynalardır. Bütün görüntü, boyut olarak küçültüldüğü için geniş bir görüş açısı sağlanır. Kavisli aynaların iki türü de teleskoplarda kullanılır (bkz. sayfa 28).

Işığın kırılması

Bir yüzme havuzunun gerçekte olduğu kadar derin görünmediğini fark etmişsinizdir. Bir göldeki ya da

BİLİMSEL TERİMLER

- **Dışbükey ayna** Iraksak ayna da denir, paralel ışık ışınlarının yansımadan sonra dağılarak aynanın arkasındaki bir noktadan (odak) geliyormuş gibi görünmesine sebep olan bir ayna türüdür. Yüzeyi dışarı doğru kavislidir.
- **İçbükey ayna** Yakınsak ayna da denir, paralel ışık ışınlarının aynanın önündeki bir odağa yansıtılmasına neden olan bir ayna türüdür. Yüzeyi içeri doğru kavislidir.
- **Kırılma** Işık ışınlarının şeffaf bir malzemeden diğerine geçerken bükülmesi.

IŞIĞIN YANSIMASI VE KIRILMASI

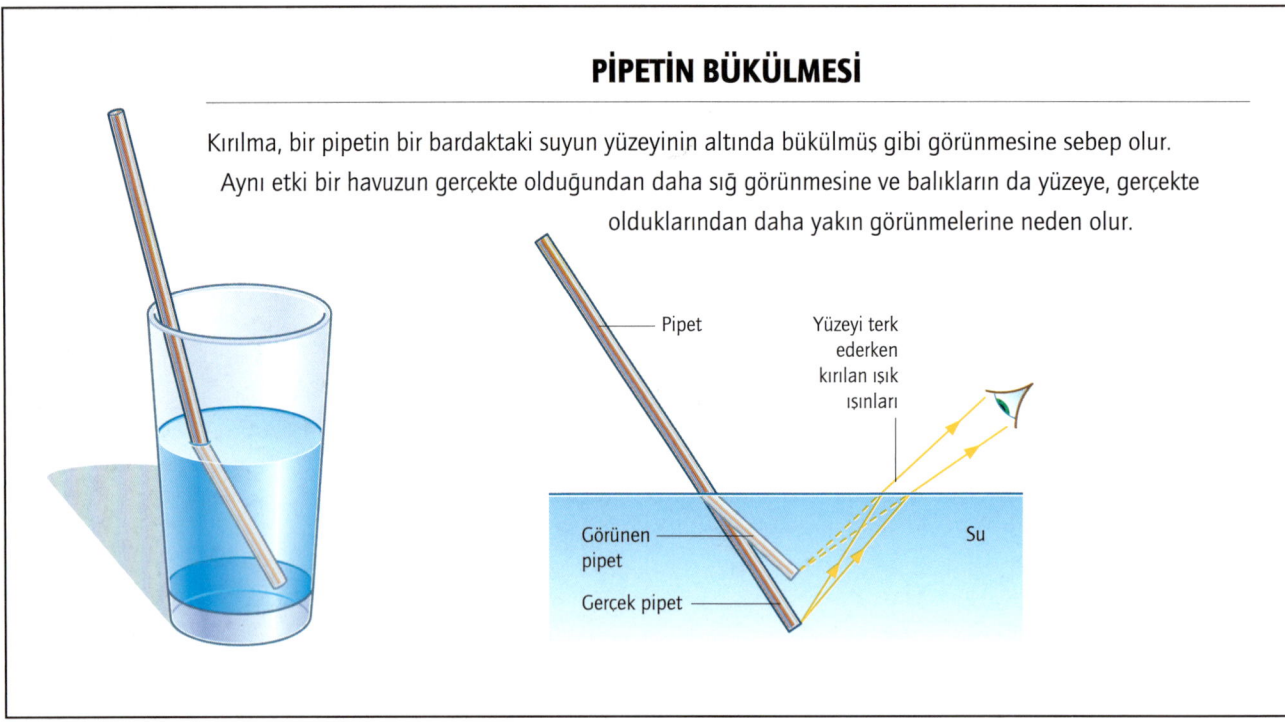

PİPETİN BÜKÜLMESİ

Kırılma, bir pipetin bir bardaktaki suyun yüzeyinin altında bükülmüş gibi görünmesine sebep olur. Aynı etki bir havuzun gerçekte olduğundan daha sığ görünmesine ve balıkların da yüzeye, gerçekte olduklarından daha yakın görünmelerine neden olur.

Bu oran havadan cama geçişte 1,5 ve havadan suya geçişte yaklaşık 1,33'tür. Bu yasa aynı zamanda Snell yasası olarak da bilinir; adını, yasayı yaklaşık 400 yıl önce formülleştiren Hollandalı fizikçiden almıştır.

Willebrord Snell

Willebrord van Roijen Snell 1580'de, Hollanda'daki Leiden'de doğdu. Matematik ve fizik eğitimi verdi ve babası 1613'te öldüğünde, onun yerine yeni Leiden Üniversitesi'nde Matematik Profesörü oldu. Snell, arazi ölçümü ve haritalandırmada uzmanlaştı, ışık ve optik üzerine birçok deney gerçekleştirdi. Kırılma yasasını 1621 yılında keşfetti ve şimdilerde geliş ve kırılma açılarının sinüslerinin oranı olarak tanımlanan kırılma indeksi fikrini tanıttı. Snell 1626'da öldüğünde, çalışmasının sonuçları henüz yayımlanmamıştı. Daha sonra, kırılma indeksinin ışık hızının aynı iki ortamdaki oranına eşit olduğu anlaşıldı.

İkinci kırılma yasasına göre gelen ışın, dik açı ve kırılan ışın aynı düzlemde bulunur (yansımada olduğu gibi, bkz. sayfa 13).

Pipetin ve güneş ışınlarının bükülmesi

Kırılma, bazı ilginç etkiler oluşturabilir. Bir bardak suyun içine yerleştirilmiş bir pipete baktığınızda, pipet yüzeyin altında bükülüyormuş gibi görünür. Bunun sebebi, pipetten çıkan ve yüzeyi terk eden ışık ışınlarının dik açıdan uzağa doğru kırılmasıdır. Ortaya çıkan ışınlara bakarsak, pipetin ucunun yüzeye daha yakın göründüğü bir konumda olduğunu görürüz.

Benzer bir etki gün batımı sırasında yüzeye yakın olan hava yukarıdaki havadan daha yoğunken meydana gelebilir. Güneş'ten çıkan ışık ışınları bu daha yoğun havadan geçerken kırılırlar. Tekrar, kırılan ışınlara bakarsak, Güneş'i daha farkı bir konumda görürüz. Sonuç olarak, ufkun aşağısına indiğinde bile Güneş'i görebiliyormuş gibi oluruz.

Bunun tersi durumunda, yani ışık yoğun havadan daha az yoğun havaya geçerken yine kırılma meydana gelir ve sonuç olarak bir serap görülebilir. Bu durumda, yere yakın olan sıcak hava, yukarısındaki daha soğuk havadan daha az yoğundur; bu, çöllerde ve sıcak havada bir otoyolun yüzeyinde meydana gelen bir durumdur. Uzak bir nesneden çıkan ışık ışınları sıcak havanın içerisinde kavisli bir yol izler. Bu ışınlara baktığımızda uzaktaki nesnenin bir görüntüsünü görürüz, ancak bu görüntü terstir ve yer yüzeyinin altındaymış gibi görünür.

Kritik açı

Geliş açısı, fizikçilerin kritik açı dedikleri kesin bir değere ulaştığında, kırılma açısı 90°ye eşit olur. Başka bir deyişle, kırılan ışık ışını iki ortam arasındaki sınırda seyahat eder. Buna, tam iç yansıma denir. Eğer geliş açısı kritik açıdan daha büyükse, kırılma olmaz. Gelen ışın sonra, tıpkı bir aynaya çarpmış gibi, ikinci ortamın yüzeyinden yansıtılır.

Kırılmanın kullanımları

Kırılma, özellikle merceklerde ve merceklerin kullanıldığı farklı türde birçok araç ve alette kullanılır. Bunlara kameralar, teleskoplar, mikroskoplar, dürbünler ve projektörler dahildir (bkz. sayfa 26-31).

Daha yakın zamanlardaki bir uygulama ise, ışığın boru şeklinde ince cam ya da plastik liflerden geçirildiği fiber optiktir. Kırılmalar ve iç yansımalar her lif boyunca art arda meydana gelerek bir uçtan giren ışığın çoğunun diğer uçtan çıkmasını sağlar. Fiber optikler, hastaların vücutlarında incelemeler yapmak için tıbbi endoskoplarda ve sinyallerin bir dizi kodlanmış ışıltılar halinde iletildiği uzun mesafeli telefon kablolarında kullanılır. Binlerce telefon görüşmesi tek bir optik fiberle aynı anda gönderilebilir.

DENEYİN

Gizli para

Işık ışınları şeffaf bir ortamdan diğerine geçtiklerinde bükülürler. Bu sürece kırılma denir. Bu projede, bir bozuk parayı görünür kılmak için kırılmayı kullanacaksınız.

Ne yapmalı?

Geniş, boş bir kâseyi bir masanın üzerine koyun ve kâsenin zeminine, kâsenin ortasıyla size en yakın kenarı arasına bir bozuk para yerleştirin. Şimdi de, bozuk paraya bakarak, bozuk parayı kâsenin kenarından göremediğiniz bir noktaya kadar yavaşça geri çekilin. Arkadaşınızdan kâseyi yavaşça suyla doldurmasını isteyin. Kaybolan bozuk para tekrar görüş alanınıza girecektir.

Su, bozuk paradan çıkan ışık ışınlarını kırar. Işınlar suyun yüzeyini terk ederken size doğru kırılır. Aynı nedenden dolayı, bir göldeki balıklar daha yakın ve su yüzeyine gerçekte olduğundan daha yakın görünür. Balıkçıllar ve balık yakalayan diğer kuşlar bunu bildiği için avlarını yakalamaya çalışırken daha derine dalarlar.

Boş kâsedeki bozuk parayı göremediğiniz bir yerde durun.

Kâse suyla doldurulduğunda, kırılma bozuk parayı görmenizi sağlar.

PRİZMALAR VE MERCEKLER

Prizmalar bilinen en iyi ışık bükücülerdir. Kırılma, ışık ışını prizmaya girerken ışını büker ve prizmadan çıkarken tekrar büker. Daha önemlisi, ışığın farklı renklerini farklı bir dereceye kadar büker. Aslında, bir üçgen prizma, Güneş'ten gelen beyaz ışığı, güneş spektrumu denen bir dizi renk olan gökkuşağının bütün renklerine ayırır.

Fizikteki en önemli deneylerden biri, 1665 civarında Cambridge, İngiltere'de karanlık bir odada gerçekleştirilmiştir. Fizikçi Isaac Newton (1643-1727) perdedeki bir delikten bir güneş ışığı demetini geçirdi ve bir cam prizmaya yansıttı, gökkuşağı renklerinin paralel dalgaları karşı duvarda göründü. Bu gözlemden yola çıkarak Newton, güneş ışığının, prizmanın ayırdığı renklerin bir karışımından oluştuğu sonucunu çıkardı.

BİLİMSEL TERİMLER

- **Dağılma** Beyaz ışığın, örneğin bir üçgen prizmayla gökkuşağının renklerine ayrılması. Yağmur damlaları bir gökkuşağında ışığın dağılmasına yol açar.
- **Kırılan ışın** Şeffaf bir malzemeden bir diğerine geçerken kırılan bir ışık ışını.
- **Prizma** Beyaz ışığı gökkuşağının renklerine ayırabilen, şeffaf bir malzemeden oluşan genellikle üçgen bir kalıp.

Renklerden yalnızca birini seçtiğinde ve ikinci bir prizmadan geçirdiğinde, herhangi bir değişiklik olmadı.

Üçgen bir cam prizma, bir beyaz ışık demetini kırmızı, turuncu, sarı, yeşil, mavi, çivit mavisi ve mor arasında değişiklik gösteren bir renk spektrumuna ayırır. Bunlar, gökkuşağının renkleridir.

TEK MERCEKLİ YANSITMA

Modern tek mercekli yansıtmalı (SLR) kameralarda iki tür yansıtıcı vardır: Bir ayna ve pentaprizma denen beş kenarlı bir prizma. Mercek yoluyla kameraya giren ışık ilk olarak ayna tarafından yukarı doğru yansıtılır. Sonra, pentaprizma içindeki iki yansıma daha, ışığı kadrajdan dışarı ve fotoğrafçının gözüne yönlendirir. Bir pentaprizma (başka bir ayna daha değil), mercekten ayrılan görüntü ters olduğu için kullanılır ve pentaprizmadaki çift yansıma görüntüyü tekrar düz hale getirir.

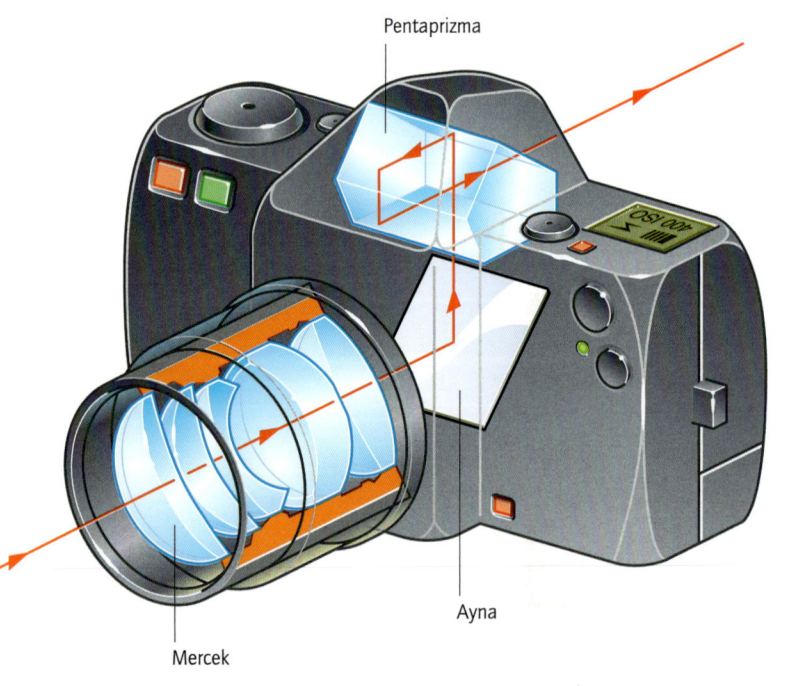

IŞIK VE SES

PRİZMALAR VE MERCEKLER

Modern fizik, Newton'un odasında yapılan deneyde ne olduğunu kolayca açıklayabilir. Beyaz ışık, kırmızıdan mora, aradaki bütün renklerle birlikte gökkuşağının renklerinin bir karışımından oluşur. Her renk prizmaya girerken kırılır (bükülür). Ancak kırmızı ışık mor ışık kadar kırılmaz. Sonuç olarak, kırmızı ve mor prizmadan farklı açılarda çıkarlar (ve aradaki renkler de aradaki açılarda çıkarlar). Bu durum, beyaz ışığın bileşenlerini bir spektruma yayar. Renkler kırmızı, turuncu, sarı, yeşil, mavi, çivit mavisi ve mordur. Bir prizma tarafından gerçekleştirilen bu özel kırılma türü, dağılma olarak bilinir. Ortaya çıkan farklı renklereyse spektrum ya da tayf denir. Bu, güneş ışığı kristal bir cama vurduğunda zaman zaman görülebilen renklerin sebebidir. Ayrıca, gökkuşağının oluşma sebebi de budur (bkz. sayfa 22).

Prizmaların kullanımları

Prizmaların en çok kullanıldığı araçlar arasında spektograf, periskop ve dürbünler sayılabilir. Ancak günümüzde en yaygın olarak kullanıldıkları araç herhalde tek mercekli yansıtmalı (SLR) kameradır. Newton'un da kullanmış olduğu gibi basit prizmalar üçgen şeklindedir. Ancak bu kamerada pentaprizma denen, beş yüzlü bir prizma kullanılır.

Bir büyüteç aracılığıyla görülen bir su damlası. Büyüteçlerde kullanılan mercek türü dışbükey ya da yakınsak mercektir.

Mercekler

İsimlerini şekillerinden ya da içlerinden geçen ışık ışınlarına yaptıkları etkiden alan başlıca iki mercek türü vardır. Dışarı doğru şişkin olan merceğe dışbükey mercek denir (dışbükey ayna gibi). Bu, büyüteç olarak kullanılan bir mercek türüdür. Ancak bir dışbükey merceğin içinden geçen paralel ışık ışınları birleşerek merceğin diğer yanına odaklandığı için dışbükey merceğe aynı zamanda, yakınsak mercek de denir.

BİRLEŞME VE DAĞILMA

Bir dışbükey merceğe aynı zamanda yakınsak mercek de denir çünkü içinden geçen paralel ışık ışınları bir odakta birleşirler. Paralel ışık ışınları bir içbükey mercekten geçerken dağılırlar, bu nedenle bu merceklere aynı zamanda ıraksak mercekler de denir.

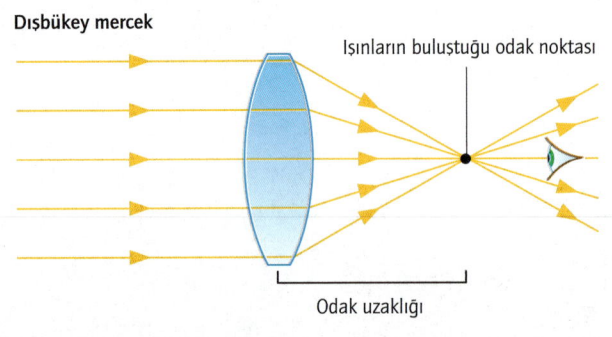

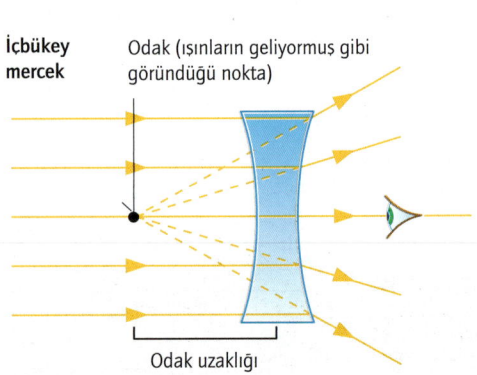

IŞIK VE SES

Yüzeyi içeri doğru kavisli olan merceğe içbükey mercek denir (içbükey ayna gibi). Bu, miyop insanlar için üretilen gözlüklerde kullanılan mercek türüdür. Bir içbükey merceğin içinden geçen paralel ışık ışınları dağılır ve odak ise, gelen ışık ile aynı taraftadır. Bu nedenle, içbükey merceğe aynı zamanda ıraksak mercek de denir.

Daha büyük ve daha küçük

Bir dışbükey merceğin büyüteç olarak kullanılabileceğinden az önce bahsettik. Peki bu tam olarak nasıl gerçekleşir? Bir nesneden çıkan paralel ışık ışınları bir odakta birleşir ve bu ışınlar boyunca baktığımızda nesnenin büyümüş bir görüntüsünü görürüz. Bir içbükey mercekte ışık ışınları gözlemcinin gözüne doğru dağılır. Bu ışınlar boyunca bakıldığında nesnenin küçülmüş bir görüntüsü görülür. Sanatçılar ve tasarımcılar zaman zaman, büyük bir görüntünün boyut olarak küçültüldüğünde nasıl görüneceğini kontrol etmek için, küçültücü mercek dedikleri bir ıraksak mercek kullanırlar.

Kusurlu mercekler

Bir nesneye basit bir dışbükey mercekle bakarsanız görüntünün kenarlarında renkli şeritler görebilirsiniz. Bu etkiye renk sapması denir (bir mercekteki herhangi bir kusur bir sapma olarak bilinir). Böyle bir etki

BİLİMSEL TERİMLER

- **İçbükey mercek** Iraksak mercek de denir, paralel ışık ışınlarının merceğin arkasındaki bir noktadan (odaktan) geliyormuş gibi dağılmasını sağlayan bir mercek türü. Yüzeyleri içeri doğru kavislidir.
- **Dışbükey mercek** Yakınsak mercek de denir, paralel ışık ışınlarının merceğin önündeki bir noktada (odakta) birleşmesini sağlayan bir mercek türü. Yüzeyleri dışarı doğru kavislidir.

DENEYİN

Teneke kutudaki kamera

Bu oldukça basit proje, bir bilmece biçimine de sokulabilir: Bir okun yönünü, oka dokunmadan nasıl tam ters tarafa çevirebilirsiniz?

Ne yapmalı?

Renkli bir kalem kullanarak bir kartonun üzerine, sol tarafı gösteren büyük, yatay bir ok çizin. Kartonu bir su bardağının önüne dik bir şekilde yaslayın. Kartona dokunmadan oku nasıl ters tarafa çevirebilirsiniz?

Başka bir bardağı suyla doldurun ve kartonun birkaç santimetre önüne koyun. Oka bakın. Ok artık sağ tarafı gösteriyor! Meydana gelen şey şu: Suyla dolu olan bardak şişman bir mercek görevi görüyor ve okun ters tarafa çevrilmiş bir görüntüsünü oluşturuyor. Suyla dolu olan bardağı kartonun daha yakınına yerleştirirseniz ok tekrar sol tarafı gösterecektir.

Okun yönünü değiştirmek için önüne bir bardak su koyun.

meydana gelir çünkü merceğin kenarları mavi ışığı kırmızı ışıktan daha fazla kırar ve böylece iki renk farklı noktalarda odaklanır. Bu durum, farklı türde bir camdan yapılan, mavi ışınların dağılarak kırmızı ışınlarla aynı odağa gelmesini sağlayan bir içbükey mercek eklenerek düzeltilebilir. Sonuçta oluşan bu bileşime renksemez (akromatik) mercek denir.

IŞIK VE RENK

Beyaz ışığın aslında gökkuşağının bütün renklerin bir karışımından oluştuğunu önceki sayfalarda gördük. Peki renkli nesneler beyaz ışıkla aydınlatıldıklarında neden renkli görünürler? Ve çoğu renkli nesne renkli ışıkla aydınlatıldıklarında neden renk değiştirirler?

Parlak bir gökkuşağı yay şeklinde görülüyor. Bu yayın etrafında, biraz daha yüksekte, daha belirsiz ikinci bir gökkuşağı görülebilir. Bu gökkuşağının renkleri, ana gökkuşağınınkilerin tersi şeklinde sıralanır.

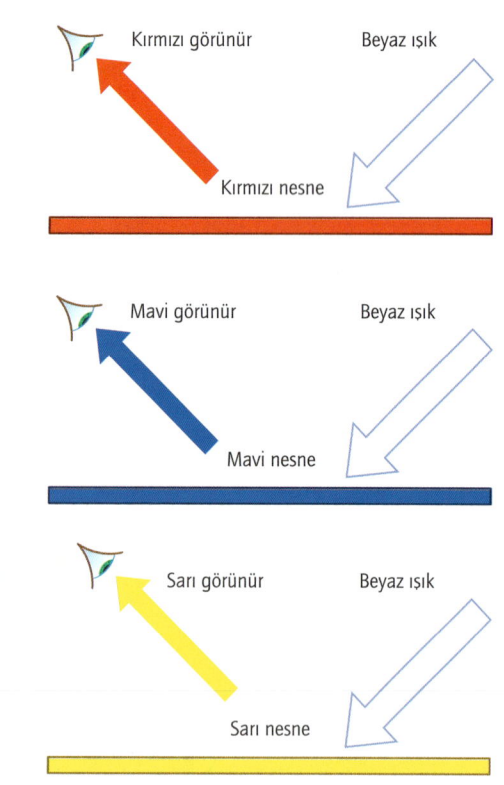

RENKLİ NESNELER

Beyaz ışık tüm renklerin bir karışımıdır. Renkli bir nesneden yansıdığında, o nesne kendi rengi hariç bütün renkleri emer. Nesnenin kendi rengi, gözlemcinin gözlerine yansıtılır. Özellikle sarı nesnelerden, nesnenin kendi rengi dışındakilerin birazı da yansıtılır.

Sayfanın solundaki çizim renkli nesnelerin neden renkli göründüğünü açıklıyor. Örneğin, beyaz ışık kırmızı bir nesneyi aydınlattığında, ışığın çoğunu nesnenin yüzeyi emer. Çoğunu, ancak hepsini değil. Beyaz ışığın kırmızı bileşeni, biraz da turuncuyla, yansıtılır. Sonuç olarak, nesne gözlerimize kırmızı görünür. Benzer şekilde, mavi bir nesne çoğunlukla mavi ışığı ve sarı bir nesne de çoğunlukla sarı ışığı yansıtır.

Bu açıklama yalnızca beyaz ışık için geçerlidir. Nesneleri renkli ışıkla aydınlatmak ilginç etkiler yaratabilir. Araçların ve kamyonların renklerine sarı sokak ışığı altında bakmayı deneyin, araçların hangi renk olduğunu anlayamazsınız. Aslında, yalnızca sarı renkli araçlar sarı görünmeye devam eder.

Renkli ışıkların karıştırılması

Beyaz ışığın, gökkuşağının yedi renginin bir karışımı olduğunu gördük. Bu nedenle, bu yedi rengin hepsi doğru miktarlarda karıştırılınca beyaz ışığın elde edileceğini öğrenmek de şaşırtıcı olmamalıdır. Ancak bu yedi rengin hepsine ihtiyaç yoktur. Işığın ana renkleri olarak bilinen üç rengi karıştırarak beyaz ışık elde edebilirsiniz.

Işığın ana renkleri kırmızı, mavi ve yeşildir. Bu üç renk birleşince beyazı oluşturur. Ancak ana renkler çiftler halinde karıştırılarak ikincil renkler denen üç renk daha oluşturur.

Kırmızı ve yeşil birleşerek sarı rengi; yeşil ve mavi birleşerek siyan denen daha yeşilimsi mavi rengi; mavi ve kırmızı birleşerek macenta denen morumsu kırmızı rengi oluşturur.

Bu üç ikincil rengin karışımı da yine beyaz ışığı oluşturur. Aslında, ana ya da ikincil üç renk dikkatli şekilde karıştırıldığında, düşünebileceğiniz bütün renkler elde edilebilir. Bir televizyon görüntüsüne çok yakından bakarsanız, görüntünün bir sürü minik, renkli noktalardan oluştuğunu görürsünüz. Daha da yakından baktığınızda ise sadece üç çeşit renkli nokta olduğunu görürsünüz: Kırmızı, yeşil ve mavi, yani ana renkler. Böylece, renkli noktaların doğru bir karışımıyla, televizyon ekranında bütün renk yelpazesi elde edilir. Renkli bir fotoğrafın renkleri de hemen hemen aynı şekilde üretilir. Yeni renk elde etmek için renkler eklendiğinden, bu tür renk karışımına katma işlemi denir.

Renkli boyaların karıştırılması

Şimdiye kadar, renkli ışıkların karıştırılmasını inceledik. Çoğu insana daha tanıdık gelecek olan ise boyaları, mürekkepleri ve diğer pigmentleri karıştırmaktır. Bir boya kutusundaki bütün renkleri karıştırırsanız, bulanık bir siyah elde edersiniz.

Renkli ışıklarda olduğu gibi, renkli boyaların da üç ana rengi vardır: Sarı, siyan ve macenta (ışığın ikincil renklerinin aynıları). Bu üç ana rengin karışımıyla siyah elde edilir. Ana renkler çiftler halinde karıştırılınca boyanın ikincil renkleri elde edilir: Sarı ve macenta birleşerek kırmızıyı, macenta ve siyan birleşerek maviyi ve siyan ve sarı birleşerek yeşili meydana getirir. Boyanın ikincil renklerinin ışığın ana renkleriyle aynı olduğuna dikkat edin.

Sarı ve macenta boyaları karıştırıldığında, siyahtan mavi ve yeşili çıkarma gibi bir etki oluşur ve kırmızı ortaya çıkar. Benzer şekilde, macenta ve siyan karıştırıldığında kırmızı ve yeşil kaybolarak mavi ortaya çıkar ve siyan ve sarı karıştırıldığında da kırmızı ve mavi kaybolarak yeşil ortaya çıkar. Ressamlar, karıştırma yoluyla diğer renklerin nasıl elde edileceğini öğrenirler. Aslında, bazı ressamlar ihtiyaçları olan renklerin çoğunu renkleri birleştirerek elde ederler. Renkli boyaların karıştırılması bazı renklerin siyahtan çıkmasına neden olduğu için bu işleme çıkarma işlemi denir.

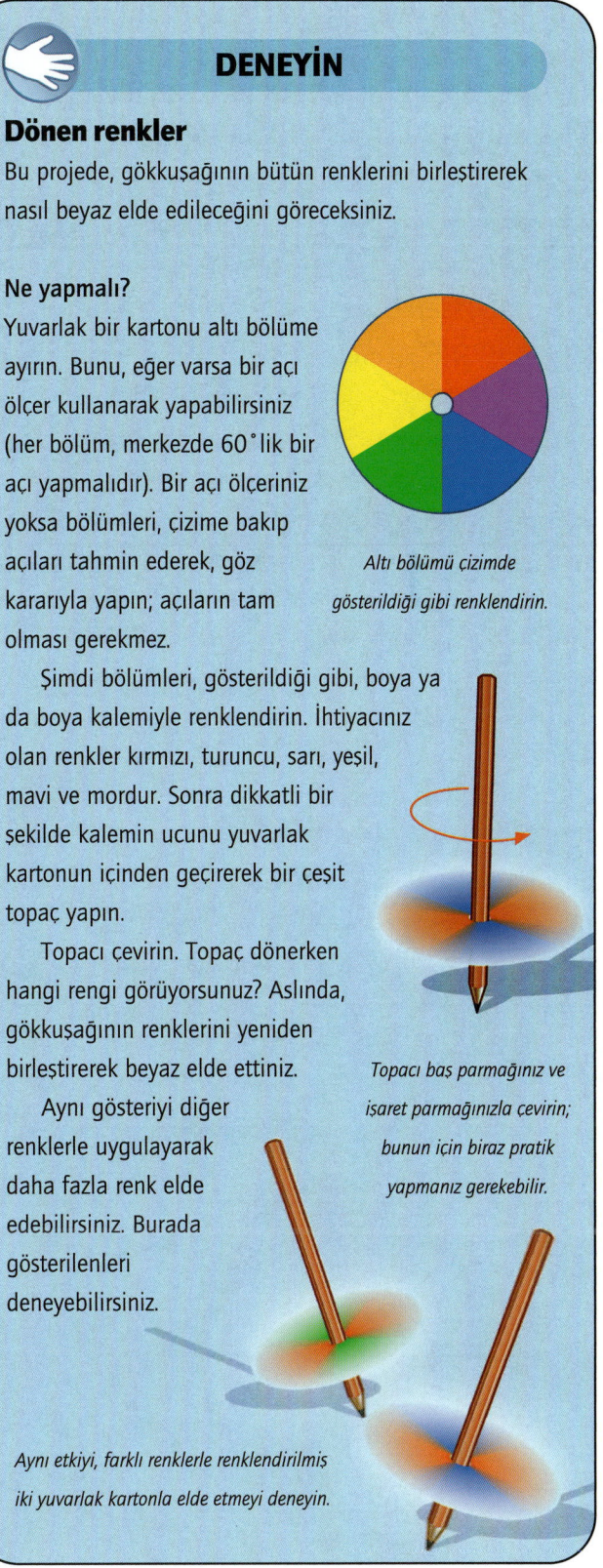

DENEYİN

Dönen renkler

Bu projede, gökkuşağının bütün renklerini birleştirerek nasıl beyaz elde edileceğini göreceksiniz.

Ne yapmalı?

Yuvarlak bir kartonu altı bölüme ayırın. Bunu, eğer varsa bir açı ölçer kullanarak yapabilirsiniz (her bölüm, merkezde 60°'lik bir açı yapmalıdır). Bir açı ölçeriniz yoksa bölümleri, çizime bakıp açıları tahmin ederek, göz kararıyla yapın; açıların tam olması gerekmez.

Altı bölümü çizimde gösterildiği gibi renklendirin.

Şimdi bölümleri, gösterildiği gibi, boya ya da boya kalemiyle renklendirin. İhtiyacınız olan renkler kırmızı, turuncu, sarı, yeşil, mavi ve mordur. Sonra dikkatli bir şekilde kalemin ucunu yuvarlak kartonun içinden geçirerek bir çeşit topaç yapın.

Topacı çevirin. Topaç dönerken hangi rengi görüyorsunuz? Aslında, gökkuşağının renklerini yeniden birleştirerek beyaz elde ettiniz.

Aynı gösteriyi diğer renklerle uygulayarak daha fazla renk elde edebilirsiniz. Burada gösterilenleri deneyebilirsiniz.

Topacı baş parmağınız ve işaret parmağınızla çevirin; bunun için biraz pratik yapmanız gerekebilir.

Aynı etkiyi, farklı renklerle renklendirilmiş iki yuvarlak kartonla elde etmeyi deneyin.

İNSAN GÖZÜ

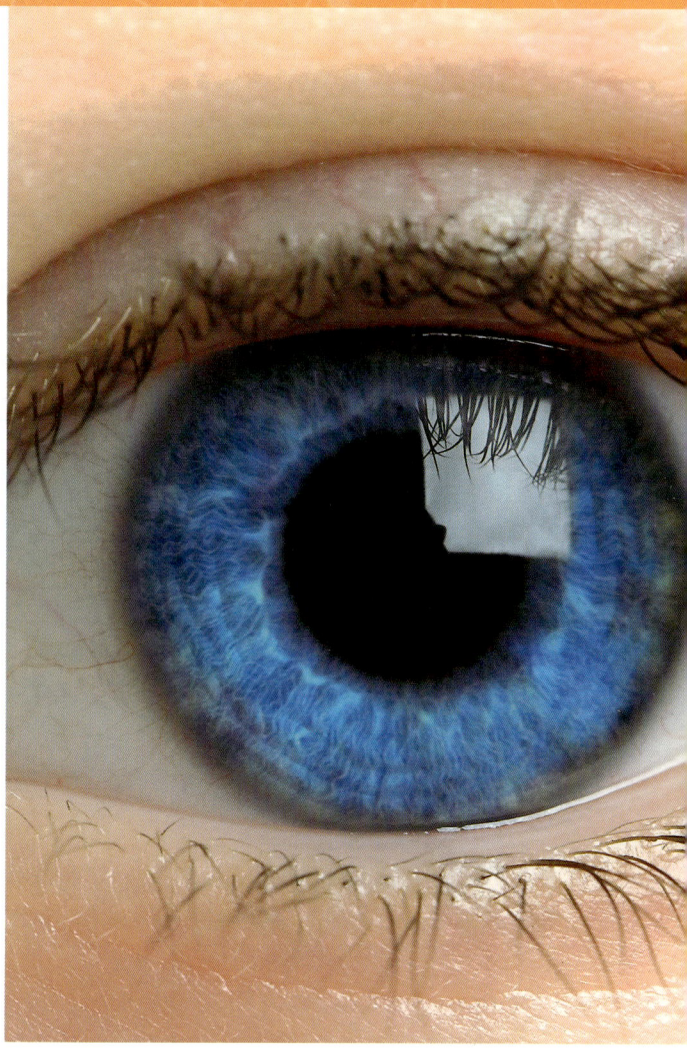

Işık, bizim görebildiğimiz tek ışınım türü olarak tanımlanmıştır. Ancak, gözlerimiz olmasaydı hiçbir şey göremezdik. İnsan gözü aslında doğal bir mercektir. Bu nedenle, merceklerin nasıl çalıştığını anlamak, insan gözünü ve insan görüşünün bazı kusurlarını ve bu kusurları nasıl düzeltebileceğimizi anlamamızı sağlar.

İnsan gözünün ana kısımları, aşağıdaki çizimde gösterilmiştir. Mercek ve onun destek yapıları göz küresini eşit olmayan iki odaya ayırır. Ön oda, göz sıvı denen, suya benzer bir sıvı içerir. Jöle benzeri camsı cisim, daha büyük olan odayı doldurur. Göz küresinin kendisi, ışığın girebilmesi için ön tarafta, yani kornea kısmında saydamdır. İnce bir gözyaşı katmanı korneayı nemli tutar.

GÖZÜN ANATOMİSİ

Gözün önemli kısımları, mercek ve korneayı içerir. Sadece mercek ayarlanabilirdir ve işin çoğunu mercek yapar ancak her ikisi de odaklanmaya yardımcı olur.

- Kirpiksi kas
- İris
- Kornea
- Göz bebeği
- Göz sıvısı
- Mercek
- Camsı cisim
- Retina
- Optik sinir

Gözün renkli kısmı, siyah göz bebeğini çevreleyen iristir. Gördüğümüz her şeyden gelen ışık göz bebeğinden geçerek göz küresine girer.

Göz merceği, kirpiksi kaslarla desteklenir; kirpiksi kaslar, merceğin nesnelere odaklanması için şeklini değiştirmesini sağlar. Mercek, uzak nesnelere bakarken gergindir ve daha incedir; yakın nesnelere bakarken ise kirpiksi kasların gevşemesi sonucu daha kalındır. Merceğin ön tarafındaki irisin merkezinde, göz bebeği denen bir delik vardır. İrisin boyutu değişerek göz bebeğinin boyutunu değiştirebilir. Göz bebeği loş ışıkta, mümkün olan en fazla ışığı alması için büyüktür; ancak parlak ışıkta, iris kapanarak göz bebeğini çok daha küçük hale getirir.

IŞIK VE SES

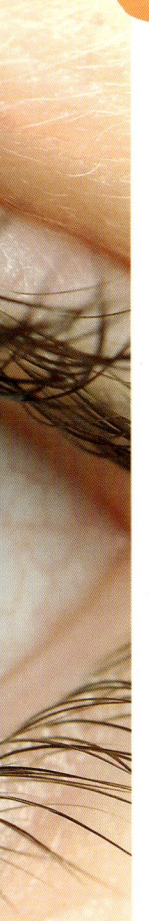

Işığın algılanması

Işığa duyarlı retina göz küresinin içini çevreler ve mercek, nesnelerin ters bir görüntüsünü retinaya odaklar. Burada ışık, optik sinirden geçerek beyne ulaşan sinir sinyallerini harekete geçirir. Sonra beyin, her iki gözden gelen sinyalleri birleştirir, onları bizim gördüğümüz "resimlere" dönüştürür ve düz hale getirir.

Göz kusurları

Sağda, üstteki iki şekil normal bir gözü ve gözün görüntüleri nasıl oluşturduğunu gösteriyor. En yaygın iki görme bozukluğunda, ışık ışınları retina üzerinde doğru bir şekilde odaklanmaz. Hipermetrop bir kişide, göz küresinin ön-arka uzunluğu olması gerekenden daha kısa olduğu için göz merceği ışık ışınlarını retinanın arkasındaki bir noktaya odaklamaya çalışır. Bu durum dışbükey merceklerden yapılan gözlüklerle ya da dışbükey kontakt lenslerle düzeltilir. Bu araçlar ışınları retina üzerindeki odakta birleştirirler.

Miyop bir kişide, göz göz küresinin ön-arka uzunluğu olması gerekenden daha uzun olduğu için göz merceği ışık ışınlarını retinanın önünde bulunan bir odağa getirir. Miyop kişiler, görüşlerini düzeltmek için içbükey merceklerden yapılan gözlükler ya da içbükey kontakt lensler kullanırlar. Bu araçlar ışınları birbirinden hafifçe ayırarak retina üzerindeki doğru odağa gelmelerini sağlarlar.

Bir başka yaygın göz kusuru olan astigmat, göz küresinin önündeki saydam kornea, kusursuz şekilde yuvarlak değilse ortaya çıkar. Astigmat bir gözle örneğin artı işaretine (+) bakarken, ya işaretin dikey kısmı odaktadır ve yatay kısmı değildir ya da tam tersidir. Bu durum, benzer bir kusuru olan ancak göze göre doğru açılarda olan gözlüklerle ya da kontakt lenslerle düzeltilir. Bu merceklere astigmatsız mercek denir.

GÖRÜŞ VE ODAK

Normal bir insan gözünde mercek, nesnenin gerçek boyutundan çok daha küçük bir görüntü oluşturur. Hipermetrop bir gözde, ışık ışınları retinanın arkasına odaklanır. Bu, dışbükey merceklerle düzeltilebilir. Miyop bir gözde, ışınlar retinanın önüne odaklanır; bu, içbükey merceklerle düzeltilir.

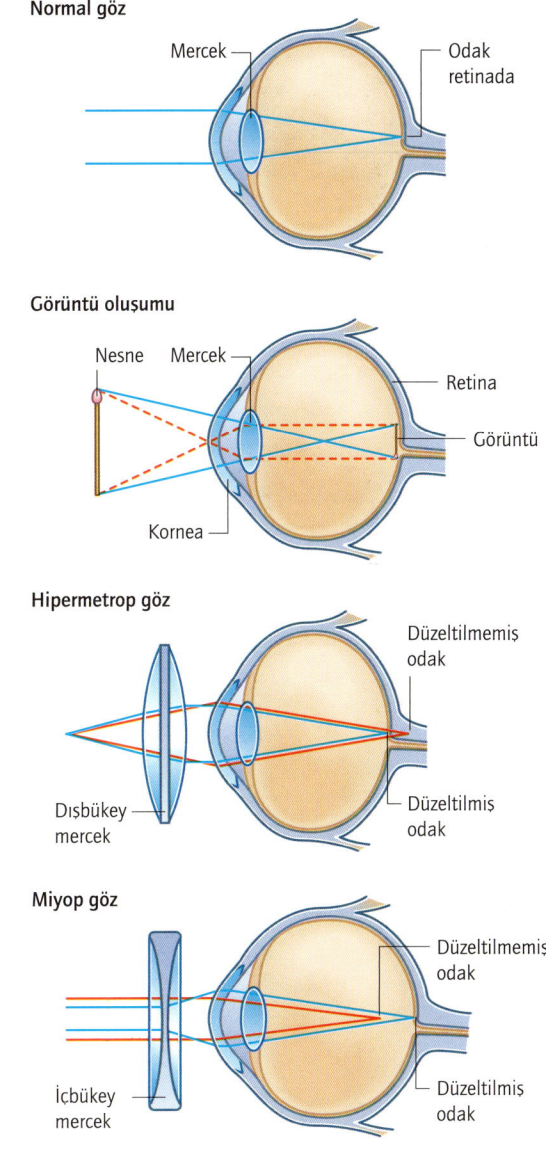

25

IŞIĞIN KULLANIM ŞEKİLLERİ

Optik aletlerin başlıca bileşenleri aynalar, mercekler ve prizmalardır. Hepsinin çalışma şekillerinden önceki sayfalarda bahsettik. Şimdi bunların çeşitli optik araçlarda nasıl kullanıldığına bakacağız.

Bugünlerde neredeyse herkesin en az bir kamerası var, bu nedenle en yaygın optik alet kameradır. Birçok yönden, bir kamera insan gözü gibi çalışır: bir merceği, değişken bir diyafram açıklığı ve ışığa duyarlı bir yüzeyi vardır. Mercek görüntüyü odaklar, diyafram açıklığı kameraya giren ışık miktarını belirler ve film de mercek tarafından üzerine odaklanan görüntüyü kaydeder.

BASİT BİR KAMERA

Kamera, temel olarak, ışığa duyarlı bir filmi olan, ışık geçirmez bir kutudur. Bir mercek, nesnenin bir görüntüsünü fotoğraflanmak üzere filmin üzerine odaklar. Mercek içeri ve dışarı hafifçe hareket ettirilerek görüntüyü odaklayabilir. İris diyaframı denen, ayarlanabilir bir diyafram açıklığının boyutu değiştirilerek kameraya giren ışık miktarı kontrol edilebilir. Filmin üzerine düşen ışık miktarı ayrıca, perdenin açık olduğu sürenin uzunluğuyla da belirlenir.

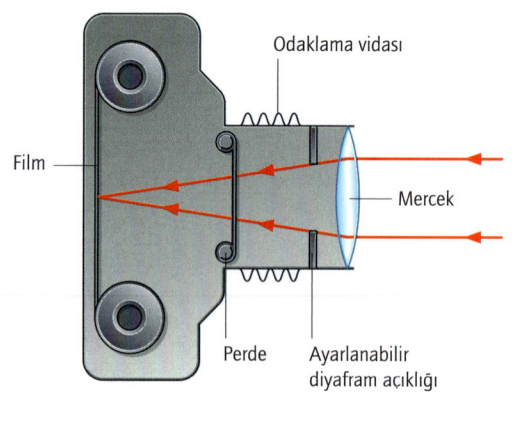

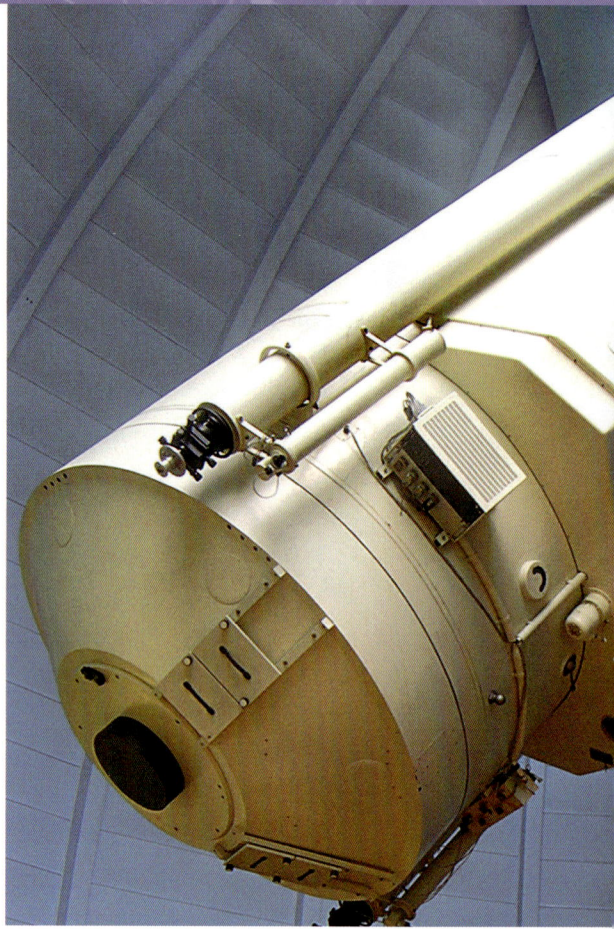

Görüntü aslında terstir, ancak tabii ki bunun bir önemi yoktur. Ayrıca, bir kameranın, ışığın kameraya girdiği ve filme odaklandığı sürenin miktarını belirleyen bir örtücüsü vardır.

Fotoğraflanmakta olan nesnenin odaklanması için, nesnenin ne kadar uzakta olduğuna bağlı olarak, mercek filmden uzaklaştırılabilir ya da filme yakınlaştırılabilir. Bu genellikle, ince bir vida dişi olan mercek yuvasını çevirerek yapılır. Çok eski kameralarda ve bazı modern kameralarda, mercek körüklü bir düzenek üzerine sabitlenmiştir ve ileri geri hareket ederek kamerayı odaklar. Bu bakımdan, kamera insan gözünden farklıdır, insan gözünde mercek odaklanmak için şekil değiştirir. Ancak merceği içeri ve dışarı hareket ettirerek gözlerini tıpkı bir kamera gibi odaklayan hayvanlar da vardır; örneğin bir ahtapot bunu yapabilir.

IŞIK VE SES

Bir gözlemevinde 2 metrelik bir aynalı teleskop. Bu rakam, aracın içindeki ana aynanın çapıdır.

Kadraj ise, fotoğrafçıya çekilecek fotoğraf karesini ayarlama olanağı verir. Basit bir kameranın kadrajı bir çift küçük mercektir. Tek mercekli yansıtmalı kameralarda kadrajı penta prizma oluşturur (bkz. sayfa 18). Bazı kameraların değiştirilebilir mercekleri vardır, yani farklı görevler için alternatif mercekler kullanılır. Kısa odak uzaklıkları olan geniş açılı merceklerden, uzaktaki nesnelerin yakınlaştırılmış görüntülerini almak için kullanılan uzun odaklı teleobjektif merceklere kadar kullanılan merceklerin birçok türü vardır.

Dijital kameralarda film tamamen ortadan kalkmıştır ve görüntüleri kaydetmek için bilgisayar teknolojisi kullanılmaya başlanmıştır; ancak görüntüyü oluşturmak için hâlâ geleneksel mercek sistemi kullanılmaktadır.

DENEYİN

Teneke kutudaki kamera

Mercekler, ışık ışınlarını bükerek çalışırlar. En çok bilinen kullanım alanlarından biri kameralardır. Bu projede, hiç merceği olmayan bir kamera yapacaksınız!

Ne yapmalı?

Bir teneke kutuyu iyice yıkayarak temizleyin, sonra kurulayın, bunu yaparken keskin kenarlara dikkat edin. Çekiç ve çivi kullanarak, kutunun kapalı ucunun ortasında çok küçük bir delik açın. Bunu yaparken bir yetişkinden yardım almak isteyebilirsiniz. Kutunun çapından daha geniş olacak şekilde ince bir kâğıt kesin ve bir lastik kullanarak kâğıdı kutunun açık ucuna yerleştirin. Kutunun etrafını kaplayacak büyüklükte ve kutudan 5 cm kadar daha uzun bir siyah karton kesin. Siyah kartonu kutunun etrafına sarın ve bantla sabitleyin.

Kutunun tabanında küçük bir delik açın ve kutunun açık ucunu ince kâğıtla kaplayın.

Deliği sizden uzak tarafta tutarak, teneke kameranızı iyi aydınlatılmış bir nesneye doğrultun. Bunu en iyi, dışarıda yapabilirsiniz. Nesnenin bir görüntüsü ince kâğıt "ekranında" ters şekilde görünecektir. Minik delik sanki bir mercekmiş gibi davranır ve nesneden gelen ışık ışınlarını ekrana odaklar. Ancak tıpkı gerçek bir kamerada olduğu gibi, görüntü terstir. Gözlerimizin arkalarında oluşan görüntüler de terstir ancak neyse ki beynimiz bu görüntüleri düz hale getirir.

İnce kâğıtla kaplanmış tarafı kendinize çevirin ve kutunun etrafını siyah kartonla sarın.

27

IŞIĞIN KULLANIM ŞEKİLLERİ

AYNALI TELESKOPLAR

Profesyonel gökbilimciler gökyüzünü araştırmak için aynalı teleskoplar kullanırlar. Uzaktaki nesnelerden çıkan ışık, önce kavisli ana aynaya çarpar; bu, ışığı bir oküler tarafından görülen bir odağa getirir. Çoğu tasarımda, ışık daha küçük, ikinci bir ayna ile odağa yönlendirilir. Schmidt kamerası temel olarak, gece gökyüzünün geniş alanlarını fotoğraflamak için kullanılır. Bu kameranın ana aynası, yapımı kolay bir yuvarlak aynadır ve küresel sapmadan kaçınmak için ışık, önce özel şekilli bir düzeltici tabakadan geçer. Fotoğraf filmi, görüntüyü kaydetmesi için odağa yerleştirilir. Newton teleskobu küresel sapmadan, bir parabol şeklindeki çapraz kesitli ana aynasıyla kaçınır; bu ayna merkeze yakın yerlerde kenarlara göre daha sert kavislidir. Ana ayna tarafından odaklanan ışık, 45° açıyla yerleştirilmiş bir düzlem ayna tarafından tüpün kenarındaki bir odağa yönlendirilir. Maksutov teleskobu, küresel sapmadan kaçınmak için bir düzeltici tabaka kullanır. İkinci ayna, düzeltici tabakanın arkasındaki gümüşlenmiş bir noktadır; bu ayna ışığı tekrar tüpün aşağısına doğru, ana aynanın ortasındaki bir deliğin içinden geçecek şekilde yansıtır.

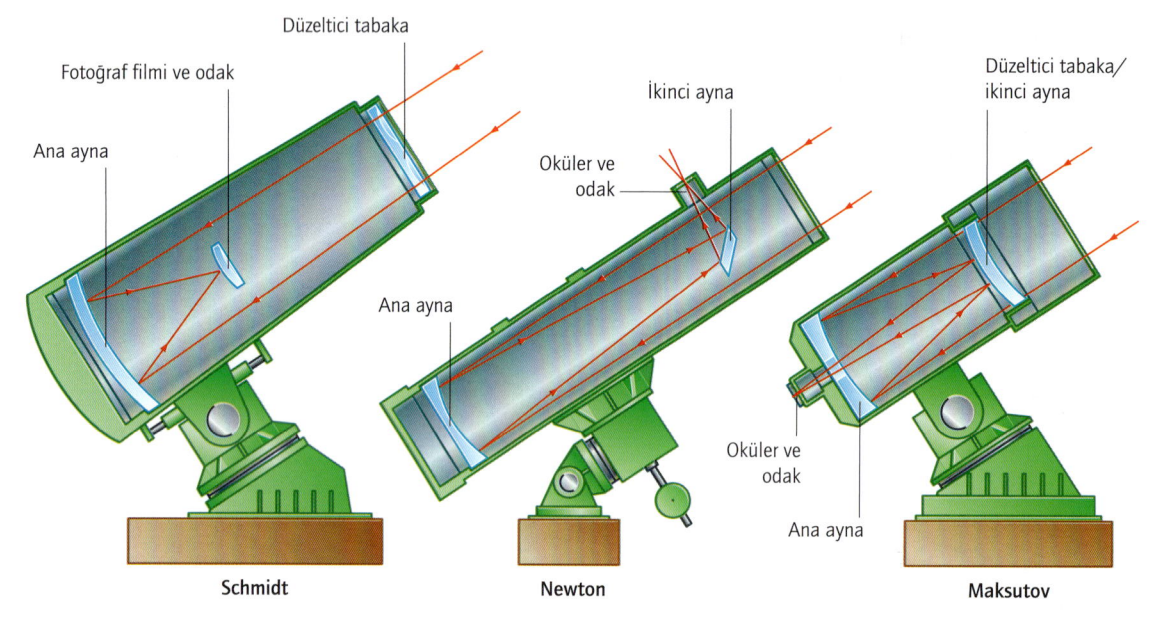

Uzaktaki nesneler

Bir kamerada kullanılan teleobjektif mercek, temelde bir teleskop türüdür. Daha genel bir teleskop çeşidi, her iki ucunda birer mercek olan uzun bir tüpten oluşur. Öndeki mercek objektif mercektir, arkadaki ise okülerdir. İki dışbükey mercek ile görüntü terstir ancak bu gökbiliminde genellikle sorun yaratmaz. Üçüncü bir dışbükey mercek teleskop tüpünün içine yerleştirilerek görüntü düz hale getirilebilir.

Oküler eğer bir içbükey mercek ise, görüntü düzdür. Bu tür, Galileo teleskobu olarak bilinir; adını, aynı tasarımı yaklaşık 400 yıl önceki öncü gökbilim çalışmalarında kullanan İtalyan bilim insanı Galileo Galilei'den (1564-1642) alır. Yan yana birleştirilmiş bir çift Galileo teleskobu opera gözlüğü olarak da kullanılırdı; bu gözlükler bazen, tiyatro salonunun arka taraflarına oturan insanlar tarafından gösteriyi daha iyi izleyebilmek için kullanılırdı.

İkili teleskoplar dürbünlerde de kullanılır. Güçlü teleskoplar uzundur ve bir ayaklık ya da dayanak olmadan tutulmaları zordur ve ters bir görüntü üretirler. Bütün bu zorluklar, her iki teleskobun da optik yolu "katlayarak" kısaltan bir çift prizma olan prizmatik dürbünlerde giderilir. Bu prizmalar ayrıca, birbirlerine doğru açılarla yerleştirilmiştir; böylece son görüntü düz olur.

Gökbilimde kullanılan teleskoplar

Modern gökbilimciler gerçekten güçlü teleskoplara ihtiyaç duyarlar. Bu teleskop türlerinde mercekler yerine kavisli aynalar vardır. Büyük aynalar, büyük merceklere göre daha kolay yapılır ve çok daha hafiftirler (bkz. sayfa 12-13'teki resim). Ayna kullanılan teleskopların çeşitli tasarımları vardır, bunlara aynalı teleskop denir; mercek kullanılan teleskoplar ise mercekli teleskoplar olarak bilinir. İlk aynalı teleskobu Isaac Newton (1643-1727) yapmıştır. Bu teleskopta, tüpün dibinde tek bir kavisli ayna ve tüpün diğer ucuna yakın şekilde açılı, küçük bir düzlem ayna vardır. Bu teleskopta ışık ışınları düzlem ayna tarafından teleskobun kenarındaki okülere yansıtılır.

Profesyonel gökbilimcilerin kullandığı en son gök teleskobu türlerinde, bir uçtan diğer uca 10 metrelik aynalar vardır. Aynanın altındaki, bilgisayarla kontrol edilen kollar, aynanın kavisinin tam doğru olabilmesi için şeklini ayarlar. Bazı çok geniş aynalar, bal peteğine benzeyen birçok beşgen panelden oluşur. Bir bilgisayar, panellerin konumlarını kontrol eder. Gök teleskopları, teleskobu gökyüzünün herhangi bir noktasına doğrultmak için döndürülebilen geniş kubbeli binalara yerleştirilir. Gözlemevleri çoğunlukla, havanın daha temiz olduğu ve dolayısıyla daha iyi görüntüler elde edilen yüksek zirvelerde bulunur.

Çok küçük nesneler

Mikroskoplar, çok küçük nesnelerin büyütülmüş görüntülerini üretir. İlk mikroskopların bir tane küçük dışbükey merceği vardı. Basit mikroskop denen bu tür ilk olarak, Anton van Leeuwenhoek (1632-1723) isimli Hollandalı kumaş satıcısı tarafından yaklaşık 1670 yılında yapılmıştır. Leeuwenhoek'in en iyi mikroskopları görüntüyü 260 kat büyütebiliyor ve bunlarla bakteriler ve kan hücreleri incelenebiliyordu.

BİLEŞİK MİKROSKOP

Bu laboratuvar mikroskobunun farklı güçlerde objektif mercekleri olan üç mercekli bir döner başlığı vardır. Nesne tablası aşağı ve yukarı hareket ettirilerek alet odaklanır, ana hareket için kaba ayar düğmesi ve son ayarlama içinse ince ayar düğmesi kullanılır. Toplayıcı, ışığı numunenin üzerine yoğunlaştırır. Sarı renkli "tüp", aletin içinden ışığın geçişini gösterir.

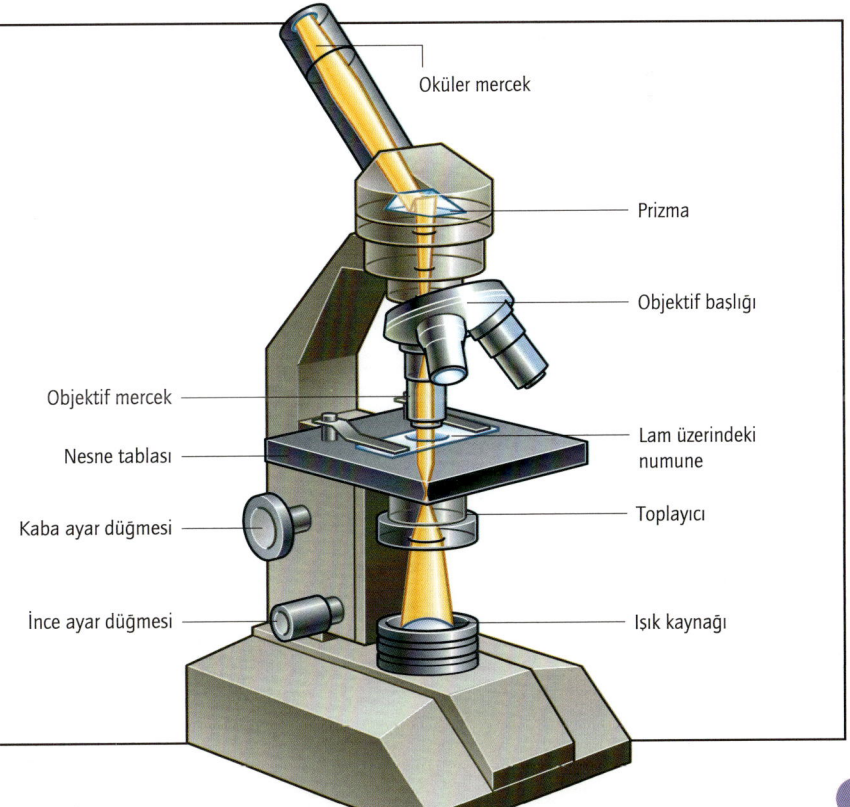

IŞIĞIN KULLANIM ŞEKİLLERİ

Daha yüksek büyütmeler elde etmek için, bir bileşik mikroskop kullanılır. Bu mikroskobun küçük fakat güçlü bir objektif merceği vardır. Objektifin (bir dışbükey mercek) oluşturduğu görüntü, yine bir dışbükey mercek olan oküler mercek tarafından daha da büyütülür. Mikroskop kullanılırken, incelenen nesne objektif merceğin odak uzaklığının hemen ötesinde olacak şekilde ayarlanır. Böylece, mikroskop tüpünün içinde büyütülmüş bir ters görüntü elde edilir. Görüntü oküler merceğin odak uzaklığının içerisinde yer alır, bu da bir büyüteç görevi görerek fazlasıyla büyütülmüş bir son görüntü üretir. Görüntü ters kalır ancak bu, çoğu uygulamada nadiren önem taşır.

Çoğu laboratuvar mikroskobunun, farklı büyütme güçleri olan iki ya da üç döner başlığı vardır. Kullanıcı, başlığı çevirerek gerekli merceği kullanım konumuna getirir. Üzerine incelenecek numunenin yerleştirildiği lam, bir nesne tablasının üzerine yerleştirilir ve bir ampulle ya da kavisli bir aynadan yansıtılan ışıkla alttan aydınlatılır. Toplayıcı denen bir çift mercek, ışığı numunenin üzerine yoğunlaştırır. Jeolojik taş numunelerinin incelenmesi gibi bazı çalışmalar için, sıklıkla bir dürbün mikroskop kullanılır. Bu da iki oküleri olan bir bileşik mikroskoptur.

Görüntülerin yansıtılması

Daha önce, bir kameranın nasıl çalıştığını gördük. Üretilebilecek bir fotoğraf türü bir renk saydamlığıdır, yaygın olarak slayt diye bilinir. Bir slayt, ışığa tutularak görüntülenebilir ancak tabii ki görüntü çok küçüktür ve ayrıntılı şekilde incelenmesi zordur. Slaytı görüntülemenin daha iyi bir yolu, slaytın büyütülmüş görüntüsünü ekrana yansıtmaktır. Bu, slayt projektörünün bir işlevidir.

Bir slayt projektöründe, toplayıcı mercekler elektrik lambasından gelen ışığı slaytın üzerine yoğunlaştırır ve eşit miktarda aydınlatır. Bazı toplayıcıların, slayta zarar vermemesi için bir ısı filtresi bulunur. Işık slayttan geçer ve projektör merceği ekranda görüntüyü oluşturur. Mercek hafifçe içeri ve dışarı hareket ettirilerek görüntü odaklanabilir. Görüntü aslında terstir, bu nedenle slaytlar projektöre ters olarak yerleştirilmelidir.

SLAYT PROJEKTÖRÜ

Bir slayt projektörünün optik sisteminde, yansıtıcı görevi görerek ışığı bir lambadan yoğunlaştırıcıya yönlendirmesi için bir kavisli ayna bulunur. Yoğunlaştırıcı ışığı, sonra slayttan geçecek şekilde dağıtır. Son olarak, bir mercek slaytın büyütülmüş bir görüntüsünü uzaktaki bir ekrana yansıtır.

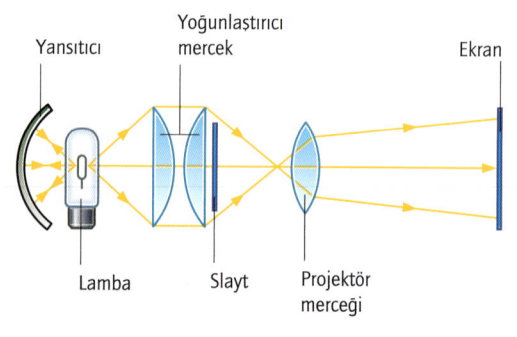

IŞIK VE SES

LAZER IŞIĞI

Yakuttaki atomlar, flaş lambasından çıkan enerjiyi emdiklerinde ışık yayarlar. Bu ışık sonra daha fazla atomu uyararak ışık yaymalarını sağlar, bu ışık da kristalin uçlarındaki aynalar arasında seker. Koherent kırmızı lazer ışığı, bir aynadaki bir delikten çıkar.

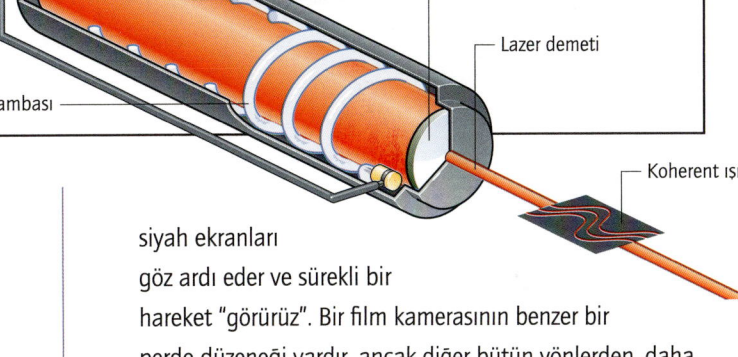

Bir film projektörü de optik açıdan hemen hemen aynıdır. Film projektöründe ek olarak, filmi projektörden geçirecek bir mekanizma ve hızlı bir şekilde açılıp kapanan (genellikle saniyede 24 kez) bir perde vardır. Filmin her bir görüntüsü ya da karesi perde açıkken sabittir. Sonra, perde kapandığında, film bir sonraki kareye atlar. Yani sinemaya gittiğimizde, aslında saniyede 24 tane sabit resim görürüz. Ancak beynimiz art arda gelen görüntüler arasındaki kısa siyah ekranları göz ardı eder ve sürekli bir hareket "görürüz". Bir film kamerasının benzer bir perde düzeneği vardır, ancak diğer bütün yönlerden, daha önce tarif ettiğimiz sabit kameraya optik açıdan benzerdir.

Lazerler

Işığın bir başka ama çok farklı kullanım alanı da, hepsi aynı dalga boyunda olan yoğun bir ışık demeti üreten ve dalgaları birbiriyle tamamen uyumlu olan lazerdir.

"Lazer", söylemesi zor bir terim olan "uyarılmış ışınımın yayımı ile ışığın güçlendirilmesi"nin kısaltmasıdır. Lazer malzemesi yakut gibi bir katı, ya da helyum ve neonun karışımı gibi bir gaz olabilir. Bir flaş lambasından çıkan ışık enerjisi lazer malzemesinin atomlarına enerji verir. Bu atomların bazıları ışık yayar, bu da daha fazla atomu uyararak aynı yönde ışık yaymalarını sağlar. Lazerin her iki ucundaki aynalar ışığı ileri geri sıçratır, böylece ışık daha da güçlenir. Lazer demeti, aynalardan birinin ortasındaki delikten dışarı çıkar. Lazerler sayesinde tıpta, endüstride ve iletişimde birçok farklı uygulama oluşturuldu. Lazerler ayrıca, CD oynatıcılarda kompakt diskleri taramak için ve bilgisayarlarda da kullanılır.

Çelik levhayı kesen bir endüstriyel lazer. Lazerler, mekanik kesme yöntemlerinde daha büyük bir kesinlik sunarlar ve kaynaklamada da kullanılırlar.

SES DALGALARI

Etrafımızdaki hava bize yaşamdan fazlasını, aynı zamanda seslerin zengin dünyasını da sunar. Sinirlerimiz ve beyinlerimiz bu sesleri müzik deneyimine, insan sesine ve etrafımızdaki dünyanın etkinliğine dönüştürür.

Ses, havadaki bir dalgalanmadır. Sesleri duyabiliyoruz çünkü biz ve sese sebep olan şeyler arasında hava vardır.

Ses, özel bir dalgalanma türüdür: Bir titreşimdir. Bununla birlikte, havadaki bütün dalgalanmalar titreşim değildir. Rüzgâr, havanın bir yerden başka bir yere hareketinden oluşur; bu, bulutların gökyüzündeki hareketinden ya da kâğıt parçalarının bir caddede uçuşundan anlaşılır. Ancak, bir ses taşıyan havanın hareketi bu kadar belirgin değildir çünkü havanın bir bütün olarak hareket etmesine sebep olmaz. Aksine, havayı oluşturan, moleküller ayrı ayrı titreşirler; esmekte olan bir rüzgâr yoksa, her yerde konumlarında genel bir değişiklik olmaksızın geri ve sonra ileri hareket ederler.

Bir dalgada ne meydana gelir?

Havayı göremememize rağmen, onu suyun hareketiyle karşılaştırarak havadaki moleküllerin hareketlerinin nasıl olduğuyla ilgili bir izlenim edinebiliriz. Nehirlerde ve akarsularda, okyanus akıntılarında ve bir musluktan akışında su, bir yerden başka bir yere hareket eder. Bu su hareketleri, havanın rüzgârdaki hareketine benzer. Sakin suda, örneğin bir gölde dahi dalgalar olabilir. Bu dalgalar ilerler, ancak su bütün olarak ilerlemez. Göldeki bir kayık ileriye taşınmaz; bunun yerine, aşağı yukarı sallanır. Bir dalga kayığın altından geçerken, tek su molekülleri ileri-geri ve yukarı-aşağı giderek dairesel bir hareket yapar. Dalga geçtiğinde, moleküllerin tabii kayığın konumları neredeyse değişmez. Sesler, havadaki dalgalardır. Sabit havadaki bir ses dalgası seyahat ederken, tek hava molekülleri yalnızca belirli bir konum etrafında titreşirler.

İleri-geri titreşen dalgalar

Bir ses dalgasında, hava molekülleri daha çok ya da daha az toplanırlar. Benzer türde bir dalgayı merdivenlerden aşağı kendi kendine "inen" oyuncak yaylar gibi uzun, esnek bir yayda görürüz. Yayın, bir ucundan asılı olduğunu hayal edin. Yayın bir ucunu hafifçe sallamanız, kablonun halkalarını birbirine yakınlaştırır, her halka üstündeki bir sonraki halkayı iter ve basınç dalgaları yayı, halkaların anlık olarak gerildiği noktalardan ayrılacak şekilde yukarı taşır.

Hava, bir yaymış gibi davranır. Bir davulun derisi gibi titreşen bir şey havayı "salladığında", basınç dalgaları dışarı doğru hareket eder. Bu basınç bölgelerinde, havadaki moleküller bir aradadır. Yakın basınç alanları arasında moleküller daha seyrektir, yani hava daha az yoğundur. Dalgalar geçerken, moleküller konumlarını değiştirmezler; önce dalganın hareket ettiği yöne doğru ve sonra da aksi yöne doğru ileri-geri titreşirler.

IŞIK VE SES

tanımamızı sağlayan ayırt edici nitelik, ses rengidir. Bu değişiklikler, hava moleküllerinin farklı ve karmaşık titreşimlerinden kaynaklanır. Çoğu çalgıdan çıkan seslerin belirli bir aralığı vardır, üretilen her nota belirgin ve farklıdır. Bir patlamadaki gibi, belirli bir aralığı olmayan sesler karışımına gürültü denir.

Patlama, havada yıkıcı bir patlama dalgası yaratan, kontrol edilemez bir enerji salınımıdır. Patlama, havanın dışarıya çıkmasından oluşur ve yalnızca kısa bir mesafe seyahat eder. Ancak patlamanın ardında, ileri-geri titreşen havadan oluşan ses dalgaları meydana gelir. Bu dalgalar uzun mesafelerce seyahat eder.

Ses, gürültü ve duyma

Bir sesi nasıl algıladığımız, kulaklarımıza ve beyinlerimize bağlıdır. Havanın, çok yavaş ya da çok hızlı titreşimlerini duyamayız. Moleküllerin yalnızca küçük hareketlerde bulunduğu titreşimleri duyamayız ve çok büyük titreşimler kulaklarımıza zarar verir ve hatta duyma duyumuzu, belki kalıcı olarak zedeleyebilir.

Sesler yalnızca şiddetlerinde ve aralıklarında değil, aynı zamanda ayırt edici niteliklerinde, ya da "tını" denen "renklerinde" de değişiklik gösterirler. Bir piyanoda, kemanda ve bir flütte çalınan notalar aynı ses aralığında olsa dahi kulağa oldukça farklı gelir; çalgıyı

BASINÇ DALGALARI

Ses, bir kaynaktan yayıldığında, kaynaktan bir bütün halinde uzaklaşmaz. Bunun yerine, molekül denen, havadaki parçacıklar ileri-geri titreşir. Moleküllerin birbirlerine daha yakınlaştığı yerde, sıkıştırıldılar denir. Birbirlerinden ayrıldıklarında, seyreltildiler, denir. Ses dalgasının hareketi, bu yakınlaşma ve uzaklaşma hareketidir. Bu, bir futbol stadyumundaki "Meksika dalgası" gibidir: izleyiciler koltuklarından ayrılmazlar, ancak art arda ayağa kalkıp oturarak kalabalıkta bir hareket dalgası yaratırlar.

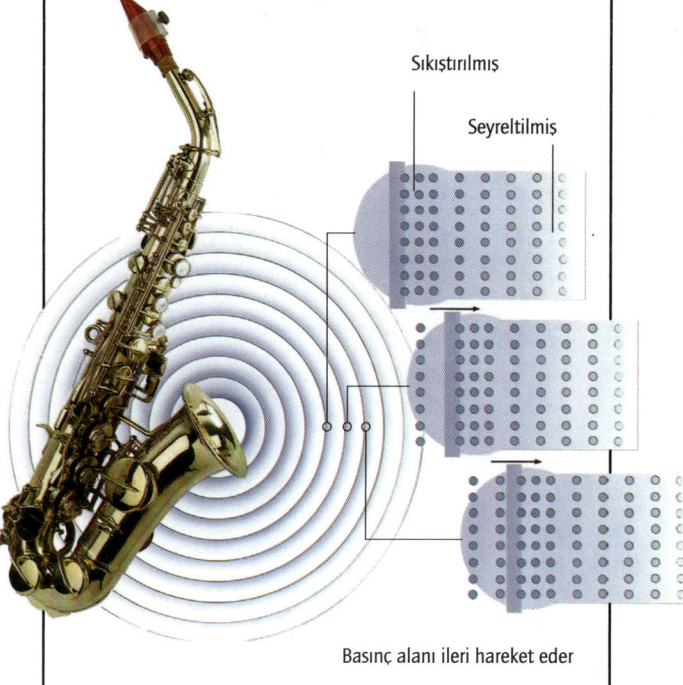

Sıkıştırılmış
Seyreltilmiş

Basınç alanı ileri hareket eder

33

SES DALGALARININ ÖZELLİKLERİ

Sesin davranışını en iyi, onu bir dalga hareketi olarak düşünürsek anlayabiliriz. Ses dalgalarının, diğer dalgalarda olduğu gibi, dalga boyları, frekansları ve seyahat ettikleri hız gibi belirli ve önemli özellikleri vardır.

Ses dalgalarının davranışını anlamak için, genel olarak dalgalarla ilgili bir şeyi bilmek gerekir. Su dalgaları en açık görseli sağlar. Bir dalganın bir ucundan sonrakine (ya da bir çukurdan sonrakine) olan mesafeye dalga boyu denir.

Ses dalgalarında, su dalgalarındaki uçlar ya da çukurlar gibi, hava moleküllerinin başlangıç konumlarından ileri yönde en çok harekette bulunduğu yerler ve moleküllerin geri yönde en çok harekette bulunduğu diğer yerler vardır. Herhangi bir "uçtan" sonrakine, ya da herhangi bir "çukurdan" sonrakine olan mesafe, ses dalgasının dalga boyudur.

Belirli bir noktadan bir saniyede geçen dalga sayısına, dalganın frekansı denir. Dalganın frekansının dalga boyuyla çarpımı, dalganın hızıdır (hız = saniyede geçen dalga sayısı * her dalganın boyu). Aynı koşullar altında bütün ses dalgaları yaklaşık olarak aynı hızda hareket eder. Bu, daha yüksek frekanslı dalgaların daha kısa dalga boyları olduğu ve daha düşük frekanslı dalgaların daha uzun dalga boyları olduğu anlamına gelir.

Sudaki dalgalar büyük ya da küçük olabilir. Bir dalganın, durgun su seviyesinin üzerindeki yüksekliğine onun büyüklüğü denir. Bir ses dalgasının büyüklüğü, hava moleküllerinin olağan konumlarından kat ettikleri mesafedir. Sese sebep olan dalgalanma ne kadar şiddetli olursa, büyüklük de o kadar büyük olur ve ses de o kadar yüksek olur.

Ses hızı

Sesin, seyahat etmek için bir ortama ihtiyacı vardır ve bazı maddelerde diğerlerine göre daha hızlı seyahat eder. Sesin havadaki hızı, örneğin, saniyede yaklaşık 330 metredir. Sonuç olarak, sesin 1 kilometreyi kat etmesi yaklaşık 3 saniye sürer.

BİLİMSEL TERİMLER

- **Büyüklük** Bir dalganın yoğunluğu. Bir ses dalgasının büyüklüğü, şiddetiyle doğru orantılıdır.
- **Dalga boyu** Bir dalganın azami yoğunluğunda olduğu iki ardışık konum arasındaki mesafe.
- **Desibel dB** Bir belin onda birine eşit bir ses şiddeti birimi. Bir ses, diğerinden 10 dB yüksekse, 10 kat daha yoğundur; 20 dB yüksekse, 10*10 = 100 kat daha yoğundur.
- **Frekans** Bir ses dalgası için, hava moleküllerinin (ya da dalga hangi malzemede seyahat ediyorsa oradaki moleküllerin) bir saniyede kaç kez titreştiği.

IŞIK VE SES

Ses dalgaları da ışıkta olduğu gibi odaklanabilir özelliktedir. Londra'daki Aziz Paul Katedrali'nin duvarları, salonun uzak bir köşesindeki fısıltıyı diğer köşeye taşıyabilecek şekilde tasarlanmıştır.

Ses sıvılarda, havada ve diğer gazlarda olduğundan daha hızlı seyahat eder. Saf suda, hızı saniyede yaklaşık 1,500 m/s'dir ve deniz suyunda biraz daha yüksektir. Ses en hızlı, katılarda seyahat eder. Hızı çelikte yaklaşık 5,000 m/s ve granit gibi sert bir kayaçta da yaklaşık 6,000 m/s'dir. Örneğin, yaklaşan bir trenin sesi, lokomotifin sesi hava yoluyla kulaklarımıza ulaşmadan önce tren raylarından duyulabilir. Bunun sebebi, sesin çelikte, havada olduğundan 15 kat hızlı seyahat etmesidir.

Desibeller

Bilim insanları seslerin şiddetini desibellerle ölçer (sembolü dB). Desibel, ismini telefonun mucidi Alexander Graham Bell'den (1847-1922) alan bir başka birim olan bel'in onda birine eşittir. 10 dB'lik bir farklılık, şiddet bakımından 10 katlık bir orana karşılık gelir. Yani, 70 dB'lik bir sesin yoğunluğu 60 dB'lik bir sesinkinin 10 katıdır. Bir şehrin kalabalık bir caddesindeki ses düzeyi genelde 70 dB kadardır. Bir diskoda ya da rock müzik konserinde ses düzeyi 110 dB civarındadır. Kalkışını 500 metre öteye yapan bir süpersonik jet, 120 dB'lik sağır edici bir ses çıkarır.

Bir ses dalgasının şiddeti, enerjisiyle ilgilidir. Bu enerji ise, titreşen bir nesnenin hareket ettirdiği hava molekülleri kütlesine bağlıdır. Havanın kütlesi ne

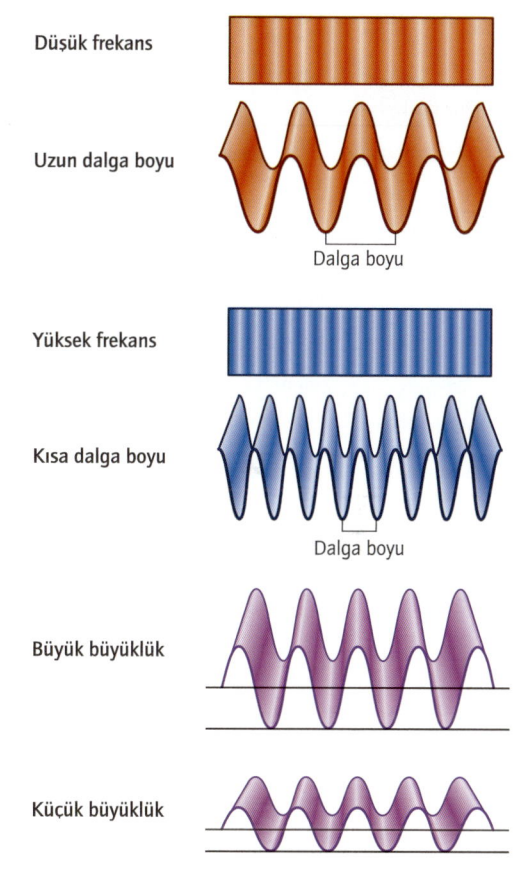

FREKANS, DALGA BOYU VE BÜYÜKLÜK

Bütün dalgalar için dalga boyu, bir uçtan (ya da çukurdan) bir sonrakine olan mesafedir. Dalga boyu ne kadar kısa olursa, bir saniyede sabit bir noktadan geçen dalga miktarı da o kadar fazladır, yani frekans o kadar yüksektir. Büyüklük, bir dalganın yoğunluğuyla ya da kuvvetiyle ilişkilidir.

kadar büyükse, ses de o kadar şiddetlidir. Örneğin, bir telefonun kulaklığında titreşen diyafram, büyük bir hava kütlesini titretecek kadar büyük değildir, bu nedenle yüksek sesler üretemez. Ancak bir rock grubunun büyük hoparlörlerindeki diyaframlar 110 dB'den yüksek ses verebilir.

TİTREŞEN TELLER

Telli çalgıların geçmişi, yazılı tarihin öncesine dayanır. Gergin teller çekilerek, vurularak ya da yaylarla sürtülerek arp ve kemanınki gibi farklı sesler oluşturabilir. Bu çeşitlilikte ses üretilebilmesinin nedeni birçok dalganın tek bir telin uzunluğu boyunca aynı anda titreşmesidir.

Birçok müzik aleti türünde, çekildiğinde, vurulduğunda ya da sürtüldüğünde titreşen gergin teller vardır. Gerilmiş her tel, kendine özgü bir frekansta titreşir. Bu, karşılığında, havayı harekete geçirerek havanın, tel ile aynı frekansta titreşmesini sağlar. Tel bir kere çekilirse ya da vurulursa, titreşim azalarak biter. Ancak tele

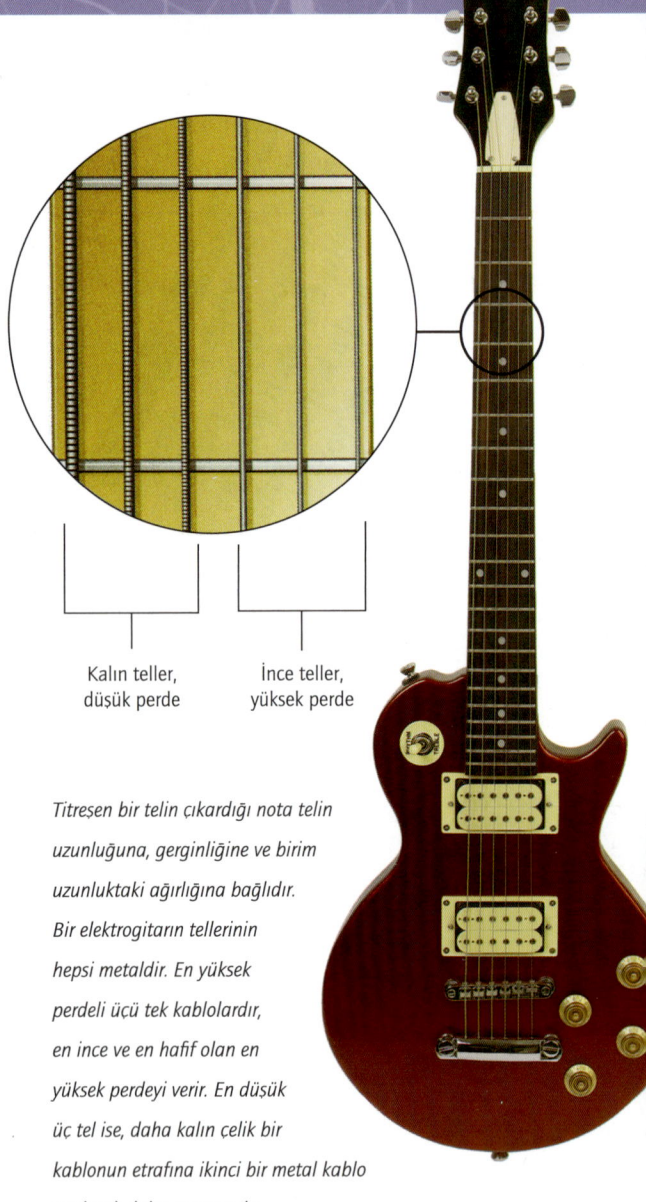

Kalın teller, düşük perde

İnce teller, yüksek perde

Titreşen bir telin çıkardığı nota telin uzunluğuna, gerginliğine ve birim uzunluktaki ağırlığına bağlıdır. Bir elektrogitarın tellerinin hepsi metaldir. En yüksek perdeli üçü tek kablolardır, en ince ve en hafif olan en yüksek perdeyi verir. En düşük üç tel ise, daha kalın çelik bir kablonun etrafına ikinci bir metal kablo sarılarak daha ağır yapılır.

TİTREŞEN TEL

Bir tel en basit şekilde, her iki uçta bir tane bulunan, boğum denen yalnızca iki sabit nokta varken ve azami hareket karın denen merkez noktasında iken titreşir. Telin titreşmesi, havanın titreşmesine sebep olur, ya da aynı frekansta ses dalgaları oluşturur.

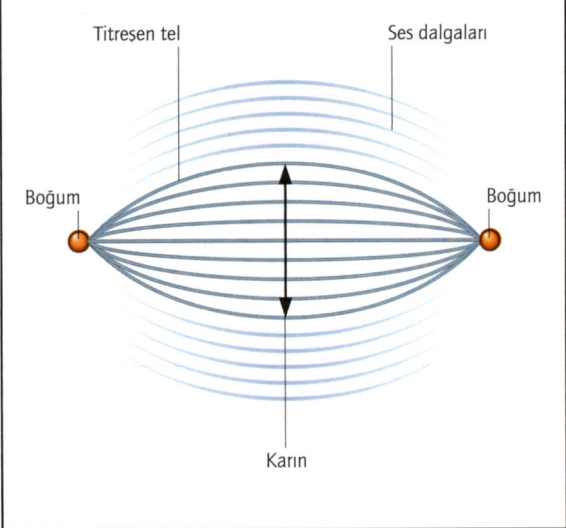

(esnek, ahşap bir çubuğun gerdiği gergin, at kılından tellerden oluşan) bir yay sürtülürse, sürekli kuvvet telin titreşmesini sürdürür. Tel, uzatılan bir nota oluşturur ancak nota hâlâ aynı frekanstadır.

Bu şekilde üretilen bütün notalarda aslında ana frekansa karışmış diğer, daha yüksek frekanslar bulunur; bu, temel olarak bilinir. Bununla birlikte, müzisyenlerin telli çalgılarda farklı notaları nasıl ürettiğini anlamak için, temelin var olan tek frekans olduğunu düşünerek başlamak daha kolaylaştırıcı olabilir.

IŞIK VE SES

Sayılar ve uyumlar

Bir telin titreşim frekansı, gerginliğine bağlıdır. Teli daha gergin bir şekilde çekerseniz, perde yükselir. Teli gevşetirseniz perde tekrar düşer. Bir gitarist akort ayarı yaparken, tellerden yükselen ve düşen notaları duyabilirsiniz. Rock gitaristleri bu etkiden, tremolo kolunu kullanırken faydalanırlar. Bu kol, gitarın gövdesindeki, tellerin bağlı olduğu alet olan eşiği "dingildetir". Bu, tellerin gerginliğini hafifçe değiştirerek çalınan notaların perdelerinin de "dingildemesini" sağlar.

Bir teldeki gerginlin gerginliğinin yanı sıra çıkardığı notanın perdesi, telin uzunluğuna bağlıdır. Tel ne kadar kısa yapılırsa, ürettiği nota da o kadar yüksektir. Arpın kendine özgü bir şekli vardır çünkü arp, hepsinin sabit bir uzunluğu olan ve çalgının kapsadığı aralıkta bir nota sunan bir teller topluluğudur. Yaylı çalgıları çalanlar, telleri gitarın sapına doğru "durdurma" denen yöntemle, çeşitli konumlarda bastırarak tellerin uzunluğunu değiştirmiş olurlar. Gitaristler de aynı şeyi yaparlar, fakat gitarın sapında perde denen ve tel için sabit bir bitiş noktası sağlayan çıkıntılar vardır. Doğadaki matematiksel yapılarla ilgili ilk keşiflerden birini M.Ö. 6. yüzyılda Yunan filozof Pisagor (M.Ö. yaklaşık 570-500 yıllarında) yapmıştır. Pisagor, bir telin ürettiği notaların, telin uzunluğuna bağlı olduğunu keşfetmiştir. Telin uzunluğu yarıya indirilirse tel daha yüksek ve asıl notayla uyumlu yeni bir nota üretir. Aslında, asıl notadan bir oktav yukarıdadır. (Majör gamındaki sekiz nota dizisi olan do, re, mi, fa, sol, la, si, do bir oktavı kapsar.) Tel, asıl uzunluğunun üçte ikisinde ve beşte dördünde durdurulduğunda da uyumlu notalar ortaya çıkar.

Müzik çalgılarındaki tellerin bir diğer önemli özelliği, ağırlıklarıdır. Eğer aynı uzunlukta iki tel eşit sıklıkta gerdirilirse, daha ağır olan daha yavaş titreşerek daha düşük perdede bir nota çıkarır. Çalgıların düşük ses perdeli tellerinin çok daha kalın ve yüksek ses perdeli tellerden daha ağır olmasının sebebi budur.

> ## DENEYİN
>
> ### Daha yüksek bir tın
> İşte katıların sesleri havaya göre daha iyi ilettiğini göstermenin bir yolu.
>
> ### Ne yapmalı?
> İlk olarak, bir paket lastiğini elinizin baş ve işaret parmağıyla gerdirin ve lastiği çekip bırakın. Zayıf bir tın sesi duyabilirsiniz. Sonra, paket lastiğini plastik bir bardağın etrafından gerdirin (bkz. çizim). Bardağın tabanını kulağınıza dayayın ve lastiği tekrar çekip bırakın. Bu sefer, çok daha yüksek bir tın sesi duyacaksınız.
>
> Gerdirilmiş bir tel titreştiğinde (örneğin bir kemanda ya da gitarda), ses üretir. Ellerinizle gerdirdiğiniz paket lastiğini çekip bıraktığınızda, oluşan hafif ses kulaklarınıza hava yoluyla ulaştı. Ancak lastiği plastik bir bardağın etrafından gerdirerek çekip bıraktığınızda, ses kulağınıza plastik aracılığıyla taşındı. Plastik bir katı olduğu için, sesi havaya göre çok daha iyi iletir. (Aslında, ses aynı zamanda biraz da bardağın oluşturduğu boşluk tarafından güçlendirilir ki bu bir akustik gitar ya da kemanın içi boş gövdesi gibi işlev görür.)
>
> *Bir paket lastiğini gerdirin ve çekip bırakın. Hafif bir tın sesi duyabilirsiniz.*
>
> *Paket lastiğini bardağın etrafından gerdirin ve bardağın tabanını kulağınıza dayayarak yüksek tın sesini dinleyin.*

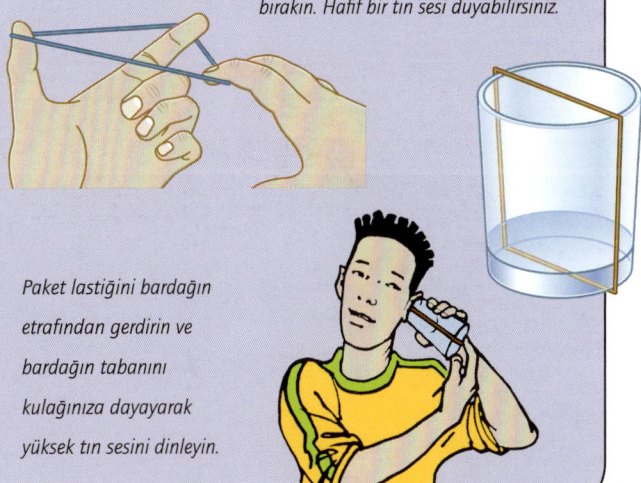

37

TİTREŞEN HAVA SÜTUNLARI

Orglar, trompetler, flütler ve insan sesinin ortak bir özelliği vardır: Ses üretirler çünkü içlerinde katı bir şey değil, bir miktar hava titreşir. Çalanın, ya da konuşanın görevi, her an titreşen havanın miktarını kontrol etmektir.

Duyduğumuz seslerin çoğu, titreşen ve havada titreşimler oluşturan katı bir şeyden kaynaklanır. Ancak, bir tür kabın içinde sıkışan bir miktar havanın titreşerek kabın dışındaki havada, serbest şekilde ses dalgaları olarak yayılan titreşimlere de sebep olabilir. Bunun meydana gelmesini sağlamanın kolay bir yolu, bir şişenin ağzından üflemektir. Eğer doğru açıda üflerseniz, şişenin içinde titreşen havanın oluşturduğu yüksek bir müzikal nota üretebilirsiniz.

Farklı bir perdede notalar oluşturmak için şişeyi, içerisine su dökerek "akort" edebilirsiniz. Yeni nota ilkinden daha yüksek olacaktır çünkü içerdeki hava miktarı daha azdır. Bu şekilde farklı notalara akort ettiğiniz bir sürü şişe oluşturabilir ve ezgiler çalabilirsiniz.

Aynı ilke, üflemeli çalgılarda da kullanılır. Çalgının borusunun ya da tüpünün içindeki hava titreşerek ses üretir. Hava sütunu ne kadar uzunsa, nota o kadar derindir.

Orglar, her biri tek bir nota çalan bir dizi borudan oluşur. Borulara hava mekanik olarak üflenir. Orgcu, o an hangi borulara ihtiyaç duyuluyorsa onlara havanın girmesini sağlayan tuşlara basmak için ellerini ve ayaklarını kullanır.

Bazı org borularında hava, titreşimi oluşturan özel şekilli bir ağızdan içeri geçer. Diğerlerinde hava, kamış denen esnek bir metal parçasının üzerinden geçer; titreşen kamış, borudaki titreşen havayı ayarlar. Benzer türde hava ağızları diğer üflemeli çalgı çeşitlerinde de bulunur.

Bütün üflemeli çalgıların en basitlerinden biri küçük flüttür. Temel olarak, şekilli bir ağızlığı olan bir tüptür. Tüpün diğer ucu da açıktır. Boru boyunca bir dizi delik vardır. Çalan kişi, bu delikleri parmaklarıyla kapatıp açarak borunun etkin uzunluğunu ve dolayısıyla sesin perdesini değiştirir.

Hareketli ve hareketsiz noktalar

Titreşen bir hava sütununun oluşturduğu sesin perdesi ya da frekansı, dalga boyuna bağlıdır. Bir titreşimin dalga boyu, hareketsiz bir noktadan (hiç titreşimin olmadığı bir yer) bir sonrakine, ya da hareketli bir noktadan (azami

> **BİLİMSEL TERİMLER**
>
> - **Hareketli nokta** Genliğin en büyük olduğu, duran bir dalgadaki bir konum.
> - **Hareketsiz nokta** Genliğin sıfır (ya da en küçük) olduğu, duran bir dalgadaki bir konum.

TAHTA ÜFLEMELİ ÇALGILAR

Flüt ailesinin iki üyesi olan blok flüt ve küçük flütte, çalan kişi ağızlıktan üflerken, parmaklarıyla delikleri kapatır. Dalgalar, kapalı deliklerdeki boğumlarla oluşturulur ve bu, üretilen notanın perdesini belirler.

Hava

Hareketli nokta | Hareketsiz nokta

Hareketli noktadaki titreşen hava molekülleri | Hareketsiz noktadaki sabit hava molekülleri

IŞIK VE SES

Pirinç müzik aleti çalan kişiler üflerken dudaklarını titreştirirler, böylece çalgının içindeki havayı titreştirirler. Titreşen hava sütunlarının uzunluğunu, çalgıdaki hava yolunun uzunluğunu değiştiren kapakçıkları hareket ettirerek değiştirirler.

titreşimin olduğu bir yer) bir sonrakine olan mesafedir. Bir müzikal alette delikleri açmak ve kapatmak, bu noktaların konumlarını değiştirir, böylece titreşimlerin dalga boyunu ve sesin frekansını etkiler.

Tahta üflemeli çalgılar

Hem blok flüt hem de flüt temel olarak, kaval ile aynı türde çalgılardır. Klarnetlerde ve saksafonlarda farklı olarak, titreşimi sağlayan bir kamış vardır; obualarda ve fagotlarda ise birbirine karşı titreşen bir çift kamış vardır. Bütün bu çalgılar tahta üflemeli olarak bilinir çünkü asıl olarak, tahtadan yapılıyorlardı.

DENEYİN

Pan'ın boruları

Ses üretmenin bir başka yolu, bir hava sütununu bir tüpün ya da borunun içinde titreştirmektir (örneğin, blok flütte ya da kavalda olduğu gibi). Notanın perdesi, yani ne kadar yüksek ya da düşük ses çıkardığı, borunun genişliğine ve uzunluğuna bağlıdır. Bu projede, bir müzikal borular dizisi yapacaksınız.

Ne yapmalı?

Yaklaşık 15 cm karelik bir mukavva parçasına birkaç şerit çift taraflı bant yapıştırın. Bir düzine pipeti, pipetlerin uçları mukavvanın bir kenarında sıralanacak şekilde banta yan yana yapıştırın. Sonra pipetlerin diğer uçlarını ve mukavvayı belli bir açıda kesin (bkz. çizim). Pipetleri, alt dudağınıza yakın tutun ve aşağı çapraza doğru üfleyin. Biraz alıştırmadan sonra, pipetlerin ses çıkarmalarını sağlayabileceksiniz.

    Pipetlerin uçlarından üfleyerek, içlerindeki havayı titreştirdiniz. Sesi üreten buydu. Kısa pipetlerin uzun pipetlere göre daha yüksek perdeli notalar ürettiğine dikkat edin. Antik Yunanlar, kırın ve çobanların tanrısı olan Pan'ın adını verdikleri, pan kavalı dedikleri, bu şekilde borulu bir müzik çalgısı yapmışlardı. Yerli Güney Amerikalılar günümüzde hâlâ pan kavalını kullanırlar.

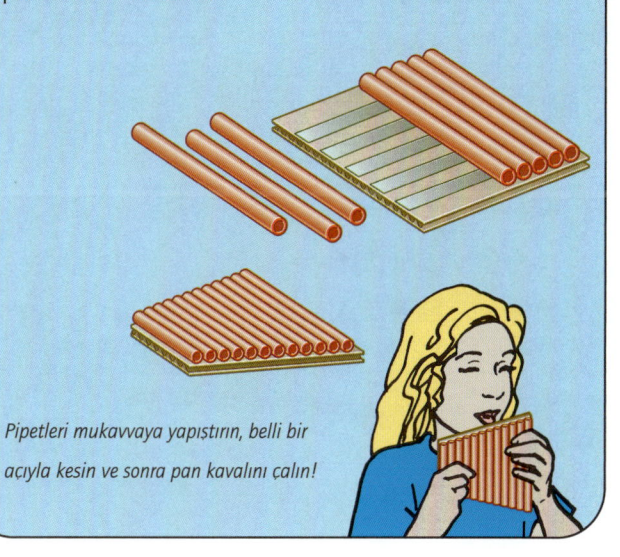

Pipetleri mukavvaya yapıştırın, belli bir açıyla kesin ve sonra pan kavalını çalın!

TİTREŞEN KATILAR

Şarkılar dışında ilk ilkel müzik, nesneleri birbirine çarparak çıkarılan sesler olmalı. O zamandan beri, perküsyon çalgıları geliştirilerek karmaşık aletlere dönüştürüldü. Perküsyon, ciddi müzikte ve rock ile popta sıklıkla çok önemli bir rol oynar.

İki çakıl taşını birbirine hafifçe vurduğunuzda, muhtemelen sönük bir klik sesinden daha ilginç bir şey duymazsınız. İçi boş nesneler katı olanlara göre genellikle daha yüksek ve daha fazla notalar üretir. Bu gerçek, bavulların alt tarafına hafifçe vurarak içinde bir şeyin gizlenebilecek ve ülkeye gizlice sokulabilecek bir şey olup olmadığını kontrol eden dedektifler ve gümrük görevlileri tarafından kullanılır.

METAL KSİLOFON

Metal ksilofon, yarım nota ayrı olarak akort edilmiş metal çubuklardan oluşur. Çubuklar, bir piyanonun tuşları gibi dizilmişlerdir, üst sıradaki çubuklar siyah piyano tuşlarına karşılık gelir. Harfler, nota isimleridir.

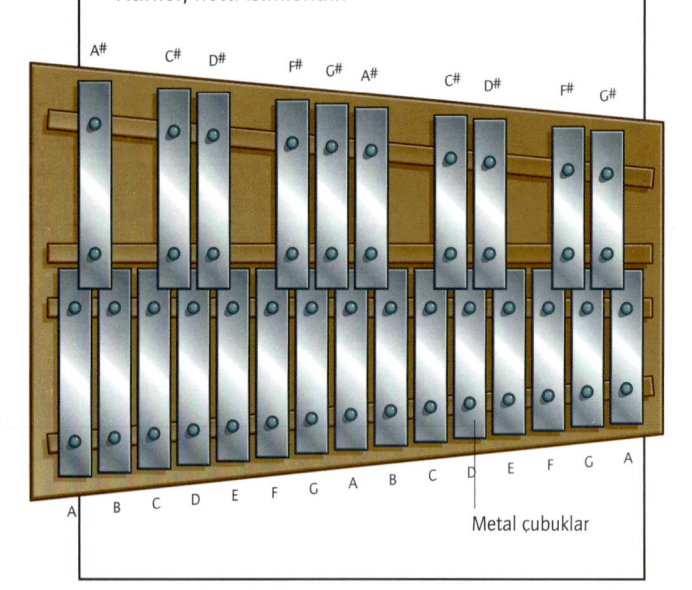

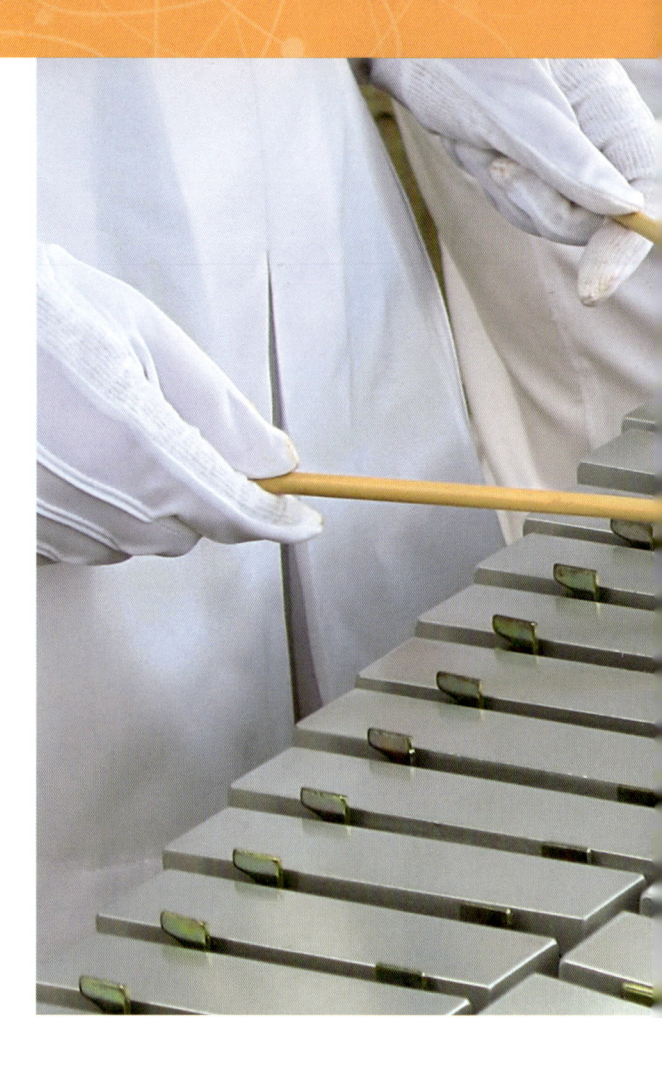

Metal çubuklar

İçi boş bir kütük, bir gümbürtü oluşturabilir. Kurutulmuş çekirdek kılıfları ya da su kabağı kendilerine hafifçe vurulduğunda keskin, belirgin sesler çıkartır. Tarih öncesi atalarımıza, katı nesnelere şekil vererek müzik aleti oluşturma fikrini verecek yeterince müzikal tınılı doğal nesneler vardı.

Ksilofon

Ksilofonlar, vurulduklarında istenilen notayı çıkarmaları için belirli uzunluklarda kesilen tahta çubuklardan oluşur. Daha küçük çubuklar daha yüksek notalar üretir. Bu çubukların bir çerçeve üzerine sabitlenmesiyle, geniş bir frekans çeşitliliği olan bir çalgı oluşturulur. Boyutları dikkatlice seçilmiş içi boş su kabakları çubukların arkasına asılarak ses güçlendirilebilir. Modern ksilofonlarda titreştirici olarak çoğunlukla metal tüpler kullanılır.

IŞIK VE SES

Bir vibrafonda, tuşlar metalden (alüminyum) yapılmıştır ve sesi güçlendirmek için tuşların arkasına tüp şeklinde metal titreştiriciler (rezonatörler) yerleştirilmiştir. Titreştiricilerin içindeki dönen diskler, her notanın perdesinin hafifçe dalgalanmasını sağlar.

Davullar

Gerilmiş bir telin çekildiğinde müzikal bir nota üretmesiyle aynı şekilde (bkz. sayfa 36), gergin bir deri ya da başka bir zar, kendisine vurulduğunda bir nota üretir. Eğer deri boş bir fıçının üzerine gerdirilmişse yüksek, hoş bir ses üretilir. Birçok davul çeşidinde, nota birçok frekansın bir karışımından oluşur ki bunun sesi, çekilen bir telinki gibi saf bir ses değildir. Ancak bazı davullar, örneğin yağ kaplarından yapılan ve Karayip bölgesinde yaygın olarak çalınan çelik davullar, çok net bir nota çıkartacak şekilde tasarlanır.

DENEYİN

Gürültülü cetvel

Bir ksilofon, titreşen tahta şeritlerinden faydalanan bir perküsyon çalgısıdır. Bu projede, sesler üretmek için titreşen bir cetvel kullanacaksınız.

Ne yapmalı?

İlk olarak, cetveli bir kısmı masanın kenarını aşacak şekilde elinizle masaya bastırın. Diğer elinizle, cetvelin boşta olan kısmını parmağınızla bastırıp aniden serbest bırakarak tıngırdatın. Cetvelin boşta olan kısmının uzunluğunu değiştirerek bu işlemi birkaç kez tekrarlayın. Ne zaman en yüksek notayı çıkartıyor, kısayken mi uzunken mi?

Farklı bir ses çeşidi oluşturmak için, cetvelin uzunluğunun çoğu boşluktayken cetvele bastırın. Cetveli önceki gibi tıngırdatın, ama bu sefer cetveli masaya doğru hafifçe çekin.

Notanın perdesi (yüksek ya da alçak olabilir), titreşen cetvelin uzunluğuna bağlıdır. Ne kadar kısaysa, nota o kadar yüksek olur. Titreşen cetveli masaya doğru çektiğinizde uzunluğu, uzundan kısaya doğru devamlı olarak değiştirdiniz. Sonuç olarak, notanın perdesi alçaktan yükseğe değişiklik gösterdi.

Notanın perdesi, tıngırdayan cetvelin uzunluğuna bağlıdır.

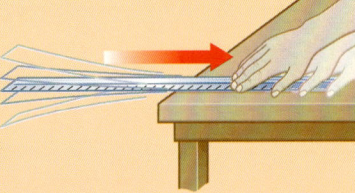

Cetveli tıngırdatın ve geri çekerek boşlukta duran uzunluğu kısaltın.

TİTREŞEN KATILAR

DENEYİN

Çınlayan kaşıklar

Şu ana kadar, titreşen nesnelerin ses ürettiği ve seslerin maddelerin içinde seyahat ettiği fikrine alışmış olmalısınız. Bu projede, sıradan kaşıkların çan gibi çalmasını sağlayacaksınız.

Ne yapmalı?

Bir çay kaşığının sapını, yaklaşık 1,3 metre uzunluğundaki bir ipin ortasından bağlayın. İpin uçlarını, her iki yarısını da aynı boyda tutarak başparmaklarınıza dolayın. Parmaklarınızın uçlarını kulaklarınızın içine yerleştirin (sakın çok içeri ittirmeyin!). Kaşığın serbestçe sallanması için öne eğilin ve kaşığı bir sandalyenin ya da masanın ayağına çarptırın (ya da bir arkadaşınız kaşığa ahşap bir kaşıkla vursun). Bir çınlama sesi duyacaksınız. Bu işlemi daha büyük kaşıklarla tekrarlayın. Neler oluyor, seslerin perdeleri daha mı yüksek yoksa daha mı alçak?

Sesler, titreşen kaşıklardan gelir ve ip de sesleri kulaklarınızın içine taşır. Kaşık ne kadar büyükse, çınlamanın tınısı da o kadar düşük olur. İpin uçlarını kâğıtların altlarındaki deliklerden ya da köpük fincanlardan geçirerek sesleri daha da yüksek hale getirebilirsiniz. Fincanın içerisine bir düğüm atın ya da ipi bantlayın. Fincanların açık uçlarını kulağınıza dayayın ve çanınızı çınlatın!

Titreşen kaşık bir çınlama yaratır.

Gerginliği sürdürmek

Bir davul tarafından çıkarılan nota yalnızca davulun boyutuna değil, aynı zamanda derinin gerginliğine de bağlıdır. Afrika'da ve bazı başka yerlerde kullanılan geleneksel bir davul türünde, her iki ucun üzerinden tellerle gerdirilmiş deri vardır. Davulun gövdesinde, teller gövdeden uzak dursun diye bir "bel" vardır. Çalan kişi davulu bir kolunun altında tutar ve diğer eliyle davula vururken tellerin kafesini sıkarak değişken bir ses aralığı yaratır.

Bir senfoni orkestrasının genellikle, kös (ya da timpani) denen dört ya da daha fazla akort edilebilir davulu vardır. Asıl olarak, davulun derisi, ağzın etrafına yerleştirilmiş anahtarları çevirerek sıkılaştırılıyordu (notanın perdesini yükseltmek için) ya da gevşetiliyordu (notanın perdesini düşürmek için). Daha modern köslerde ise deriyi gerdirmek ya da gevşetmek için bir ayak pedalı kullanılır.

Birkaç davul ve zil çeşidinden oluşan bir bateri çalan rock davulcusu. Baterinin sesleri farklı aralıklara düşer ve vurulma şekline göre farklı ses nitelikleri ya da "renkleri" olabilir.

IŞIK VE SES

PERKÜSYON ÇALGILARI

Bas davul · Çelik üçgen · Trampet · Kastanyet · Simbal · Tef · Borumsu çanlar · Kös (timpani)

Burada, çalgıların büyük ailesinin, bir orkestranın perküsyon bölümünde görülebilecek olanlarından bazıları resmedilmiştir.

Çanlar, gonklar ve simballer

Metallere vurulduğunda tatmin edici bir ses çıkar. Bunun sebebi, kendilerine vurulduğunda çok kesin frekanslarla titreşen atom örgülerinden inşa edilen çok kristalli bir yapılarının olmasıdır. Bir bakım mühendisi, bir trendeki tekerin durumunu tekere çekiçle vurarak değerlendirebilir. İyi bir teker müzikal bir nota üretir, ancak çatlak bir teker yavan, düz bir ses üretir.

Çoğu çan, metalden yapılır. Bütün müzik aletleri arasında en büyüğü, bronzdan yapılan ve ağırlığı 10 tonun üzerinde olan devasa kilise çanlarıdır.

Asya'daki bazı tapınaklardaki rahipler, tapınan insanları ibadete büyük gonkları çalarak çağırırlar. Bu gonklar genellikle bronzdan dökülür ya da dövülür. Bir çanın aksine, bir gongun belirli bir ses aralığı yoktur, ancak bir tınılar karışımı üretir. Simbal de benzerdir, ancak pirinç diskten yapılır. Simballer, birbirlerine vurulduklarında metalik bir çarpma sesi üretmeleri için çoğunlukla çiftler halinde çalınır.

SES HIZI

Sesin belirli bir hızda seyahat ettiği gerçeği kolayca fark edilebilir. Hız, sesin seyahat ettiği ortama göre değişiklik gösterir. Ses dalgalarını jet uçakları, fırlatma esnasında uzay roketleri ve jet motorlu arabalar geçebilir.

Kendinizi gök gürültülü bir fırtınanın ortasında hayal edin. 5 km ötede bir şimşek çaktığını görebilirsiniz. Ve ışık size neredeyse anında ulaşır, saniyenin yaklaşık 1/60.000'inde. Ancak her 3 saniyede 1 kilometre yol giden sesin size ulaşması, 15 saniye sürer.

Daha kısa mesafelerde bile bir gecikme görebilirsiniz. 100 metre uzaktaki bir çekiç darbesinin sesi, çekicin düşüşünün görüldüğü yerde saniyenin üçte biri kadar gecikir. (Bunu filmlerde hiçbir zaman göremezsiniz. Yönetmenler her zaman, uzaktaki bir şimşekle görüntüsünü aynı ana denk gelecek şekilde ayarlarlar. Bir gecikmenin, izleyicilerinin kafalarını karıştıracağını düşünürler!)

BİLİMSEL TERİMLER

- **Doppler etkisi** Bir dalganın frekansındaki, kaynağın ve dinleyicinin göreli hareketinin sebep olduğu değişim. Örneğin, bir ambulans sireninin ses aralığı, araç geçerken düşermiş gibi görünür, sonra dinleyiciden uzaklaşır.
- **Mak sayısı** Bir nesnenin hızının ses hızına oranı.
- **Ses patlaması** Ses hızında ya da üstünde seyahat eden bir uçağın ses hızını (ses duvarı da denir) aştığında oluşan şok dalgasından kaynaklanan ses.
- **Şok dalgası** Hava ya da su gibi bir akışkanın içinde, o sıvıdaki ses hızından daha hızlı hareket eden bir dalgalanma.

Sesin havadaki hızı, sıcaklık arttıkça artar. 0°C'ta, ses hızı saniyede 331,6 metredir. 20°C'ta, 344 m/sn'dir. Atmosferin sıcaklığı, 13 km'lik bir yüksekliğe kadar düşer ve bu nedenle ses hızı da düşer. Bu yükseklikte ses hızı yaklaşık 286 m/sn'ye düşer.

Mak sayısı

Aynı şartlar altındayken, bir nesnenin hızının ses hızına oranına onun Mak sayısı denir. Mak 1 ses hızı, Mak 2 ses hızının iki katıdır, vb. Mak sayısı ismini, Avusturyalı fizikçi Ernst Mach'tan (1838-1916) almıştır.

IŞIK VE SES

DOPPLER ETKİSİ

Bir polis arabası gözlemciye doğru hızlandıkça, sireninden çıkan her ses dalgasının gözlemciye ulaşma mesafesi bir öncekine göre daha kısa olur. Frekans yükseldikçe sesin perdesi de yükselir. Polis arabası hızla geçip gittikten sonra, ses dalgaları gerilir, frekansları azalır ve sirenin ses aralığı düşer.

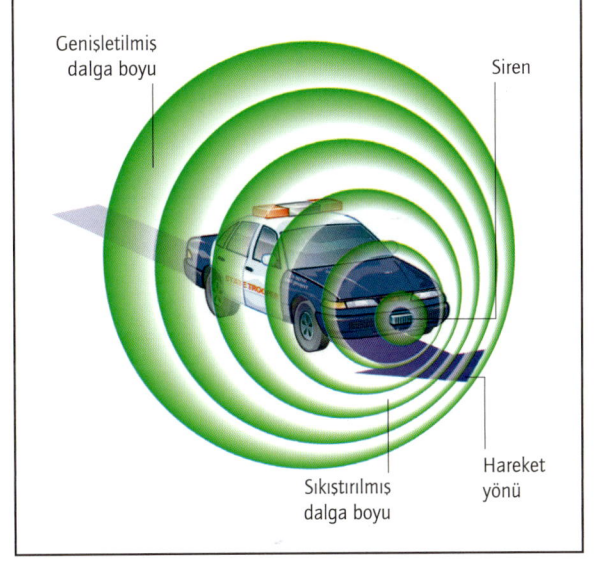

Genişletilmiş dalga boyu
Siren
Sıkıştırılmış dalga boyu
Hareket yönü

A.B.D. Donanması'na ait F-18 Hornet savaş uçakları ses duvarını aşarken. Ses hızından hızlı seyahat eden nesneler, öndeki uçakta açıkca görüldüğü gibi, konik şekilli bir yüksek basınç yüzeyi oluştururlar ve bir şok dalgası ile ses patlaması meydana getirirler. Bu koniye sebep olan, ses kaynağının (jetin), kendi ürettiği ses dalgalarından daha hızlı hareket etmesidir. Yüksek nemlilik seviyeleri koniyi görünür kılar.

Ses dalgaları sıvılarda ve katılarda daha hızlı seyahat eder. Denizde, uzaktaki bir patlama iki kez duyulur; birinci ses su içinde seyahat etmiştir, ikinci ses havada seyahat etmiştir. Sesin sudaki hızı, havadaki hızının yaklaşık dört buçuk katıdır.

Christian Doppler

Avusturyalı bilim insanı Christian Doppler (1803-1853), görünür frekansın ve dalga boyunun kaynak ve dinleyicinin hareketine göre nasıl değişiklik gösterdiğini buldu. Dalgaların kaynağı, dinleyiciye yaklaşırken ya da tam tersi gerçekleşirken görünür frekans artar. Eğer kaynak ve dinleyici birbirinden ayrılıyorsa, görünür frekans düşer. 1845'te, Doppler bu etkiyi göstermek için bir deney gerçekleştirdi. Bir lokomotif, trompetçileri diğer müzisyenlerin yanından taşıyarak geçirdi, bu müzisyenler tren geçip giderken notaların perdelerindeki değişikliği değerlendirdiler. Değerlendirmeleri, Doppler'in tahminleriyle eşleşti.

SES ÜSTÜ VE SES ALTI TİTREŞİMLER

Duyma becerimizin ötesindeki seslerle çevriliyiz, bu sesler çok yüksek perdeli oldukları için onları duyamayız. Ancak hayvanlar bu sesleri çıkartabilir ve onlara yanıt verebilir ve hava ile okyanusları duyulmayan çığlıklarla doldururlar. Biz de bu seslerden endüstride, savaşta ve tıpta faydalanırız.

> **BİLİMSEL TERİMLER**
> - **Hoparlör** Bir elektrik sinyalinden ses üreten alet.
> - **Ses üstü** İnsanların duyamayacağı kadar yüksek frekanslı ses.

Duyabildiğimiz en derin sesler, saniyede yaklaşık 20 titreşimden, ya da 20 hertzden oluşur. Hertz terimi adını Alman fizikçi Heinrich Hertz'den (1857-1894) almıştır, sembolü Hz'dir. En yüksek duyulabilir frekans yaklaşık 20.000 Hz ya da 20 kilohertzdir (sembolü kHz olan 1 kilohertz, 1000 hertzdir).

Frekansı bundan yüksek olan ses dalgalarına "ses üstü" (süpersonik) denir. (Bunun, ses üstü hızla bir ilgisi yoktur: Bu dalgaların hızları, daha düşük frekanslı seslerinkiyle aynıdır.)

Birçok hayvan ses üstü sesleri duyabilir. Köpek ıslıkları, köpeklerin tepki verdiği ama insanların duyamadığı bir frekansta ses üretir. Yarasaların karanlıkta yollarını bulma ve avlanma gibi esrarengiz bir yeteneği vardır. Yarasalar, ses üstü frekanslarda, 200 kHz kadar olabilen yüksek perdeli çığlıklar atarlar ve böcekler ile diğer nesnelerden gelen yankıları tespit ederler.

Ses üstü seslerin üretilmesi

Duyulabilir ses üretmenin olağan yolu, içindeki kâğıt ya da metal diyaframın hızlıca titreşerek sesleri oluşturduğu bir hoparlör kullanmaktır. Ancak bir diyaframın, ses üstü sesleri üretmeye yetecek kadar hızlı titreşmesi sağlanamaz. Bunun yerine, transdüser denen ses üreticisi, yüzlerine uygulanan bir salınımlı elektrik akımı tarafından titreştirilen bir kristal kullanır. Kristal genellikle kuvarstan ya da Rochelle tuzu denen bir kimyasaldan yapılır. Bu şekilde üretilen sesler temizlikte kullanılır. Örneğin, kıyafetler suya ya da temizleme sıvısına batırılabilir ve bir ses üstü sinyallerle hızlıca kiri çıkarması sağlanır.

Denizaltı sesi

Yarasaların yön bulma yöntemi, denizciler tarafından da kullanılır. Gemilerden gönderilen ses üstü titreşimler örneğin, denizaltılardan, büyük balık sürülerinden ya da deniz tabanından yansıtılır. Yankının gemiye geri dönüş süresi, nesnenin uzaklığını gösterir.

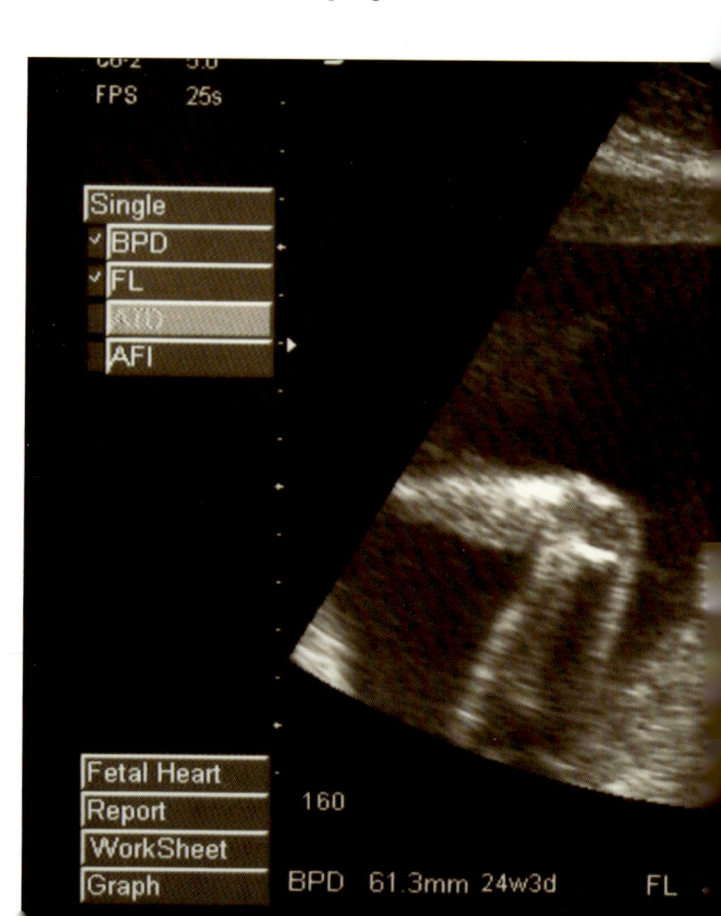

Ses üstü ses, vücudun içine bakmak için kullanılabilir. Burada, bir insan fetüsü görülüyor. Hamilelik süresince, ses üstü (ultrason da denilen) ses taramaları rutindir.

IŞIK VE SES

Artık sonar, tıpta da kullanılıyor. Ses üstü titreşimleri insan vücuduna girebiliyor ve iç organlardan gelen yankılar ise insan vücudunun içinin bir resmini çiziyor.

Bir kilise orgundan, ya da bir kamyon veya uçaktan çıkan derin, düşük frekanslı sesler bütün bir binayı titretebilir. Bu durumlarda, duyabildiğimiz seslerin yanı sıra, daha düşük frekanslı titreşimler de oluşur. Bu titreşimlere ses altı sesler denir. İnsanlar ses altı sesleri duyamasa da, aralarında balinaların ve fillerin olduğu birçok hayvan duyabilir.

Daha düşük frekanslı sesler, yüksek frekanslı seslere göre daha uzağa seyahat edebilir. Bu, uzaktaki bir gök gürültüsünün sesi daima derinden gelirken yakındaki bir gök gürültüsünün çok daha keskin ve müthiş bir tonda olmasının da sebebidir. Bazı hayvanlar, düşük frekanslı sesin uzun aralığından istifade ederler. Balinalar, ses altı sesler yayarak 160 km kadar bir mesafeden iletişim kurabilirler.

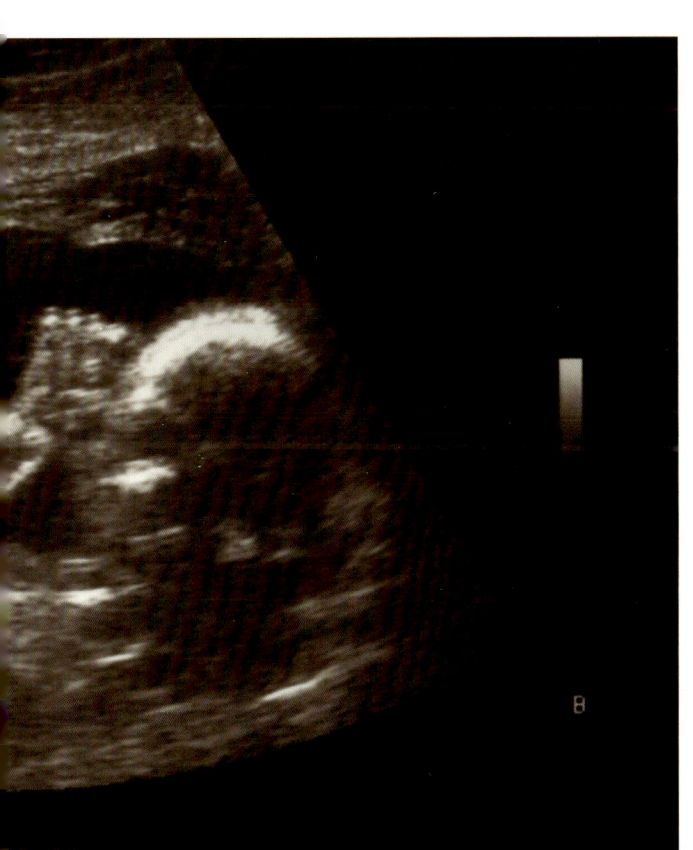

SESLE AVLANMA

Yarasalar, yüksek frekanslı sesleri kullanarak yollarını bulurlar. Ürettikleri sesin çoğu, bizim duyamayacağımız kadar yüksek perdelidir. Yarasaların büyük ve hassas kulakları yankıları tespit eder; bu, yarasaların engellerden kaçınarak böceklere yönelmesini sağlar. Yön bulma yetenekleri o kadar kesin ve yanlışsızdır ki yarasalar, çapraz döşenmiş kablolarla dolu karanlık odalarda bile hiçbir yere çarpmadan uçabilirler.

1980'lerde, doğa bilimciler fillerin, geniz yollarından ses altı gürleme sesleri ürettiğini keşfettiler. Filler bu sesleri, birbirleriyle uzun mesafelerden iletişim kurmak için kullanırlar.

Ses ve hareket

Derin bir sesin oluşturduğu zonklamaya, rezonans (tınlama) denen bir olgu sebep olur. Bir nesne, yakınlardaki başka bir nesnenin titreşimiyle titreştirildiğinde tınlar, denir. Örneğin, bir piyanonun yakınında tek bir nota çalmak, diyelim ki bir gitar telini çekmek, piyanonun aynı notaya akort edilmiş telinin titreşmesine sebep olacaktır. Diğer teller, mesela bir oktav yüksek ya da alçak olanlar da aynısını yapar.

Çekilen telden gelen hava titreşimleri, bütün piyano tellerini titreştirme eğilimi gösterir, ancak yalnızca, gitar teliyle aynı frekansta doğal olarak titreşen piyano telleri güçlü bir titreşim yaşayacaktır.

SES ÜSTÜ VE SES ALTI TİTREŞİMLER

Benzer bir şekilde, oyun parkındaki salıncakta bir çocuğu sallayan biri, çocuğun sallandığıyla aynı hızda ittirirse, salıncağın hareketi büyür. Farklı bir hızda ittirmek, salıncağın düzenli hareketiyle uyuşmaz ve bu hareketin büyümesi engellenir.

Binaların ve mobilyaların genellikle normal ses frekanslarına rezonansı yoktur. Bu nesnelerin doğal titreşim hızları düşük olduğu için, (eğer varsa) ses altı seslere rezonansları vardır. Zaman içinde, bir konser salonu ya da kilise, çıkan derin notalardan zarar görebilir.

Zararlı rezonansa çarpıcı bir örnek, 1940'da, rüzgâr Washington'daki Tacoma Narrows asma köprüsünün kontrol edilemez şekilde titreşmesine sebep olduğunda meydana geldi. Köprünün tabliyesi sallanan bir halat gibi kıvrıldı, üstündeki arabaları nehre fırlattı ve en sonunda çöktü. Bu felaketten beri, yeni köprülerin hepsi antirezonans özellikleri barındırıyor.

Sallanan yeryüzü

Çoğu deprem, manto tabakasının üst kısmındaki 300 km'lik bir alandaki kaymalardan kaynaklanır. Kaymalar küçüktür, ancak devasa miktarda kayacı etkilerler. Kaymalar, çevreleyen yer kabuğunda bütün frekanslarda titreşimlere

Charles Richter

Birleşik Devletli sismolog Charles Richter (1900-1985) her zaman, ismi verilen deprem ölçeği ile anılacaktır. Richter, aleti bir başka sismolog olan Beno Gutenberg'le (1889-1960) birlikte 1927-1935 yılları arasında geliştirdi. İkili, bir depremde salınan enerji miktarını, bir sismograf kaleminin bıraktığı işaretlerin boyutu ile derecelendirdiler. Ölçeğin üzerindeki noktalar, eşit aralıkları temsil etmez. Ölçekte, bir noktadan diğerine gittiğinizde, depremde salınan enerji yaklaşık 30 kat artar.

sebep olur. Bazı titreşimler yer kabuğu içerisinde, diğerleri yeryüzünün daha derin bölgelerinde, manto ve çekirdekte büyük mesafeler boyunca seyahat eder. Deprem titreşimleri, bütün gezegenin sallanışının sesidir.

Kesme dalgaları ve basınç dalgaları

Su ya da hava gibi bir akışkandaki ses dalgalarının aksine, bir katıdaki ses dalgaları iki türde olabilir. Birinde,

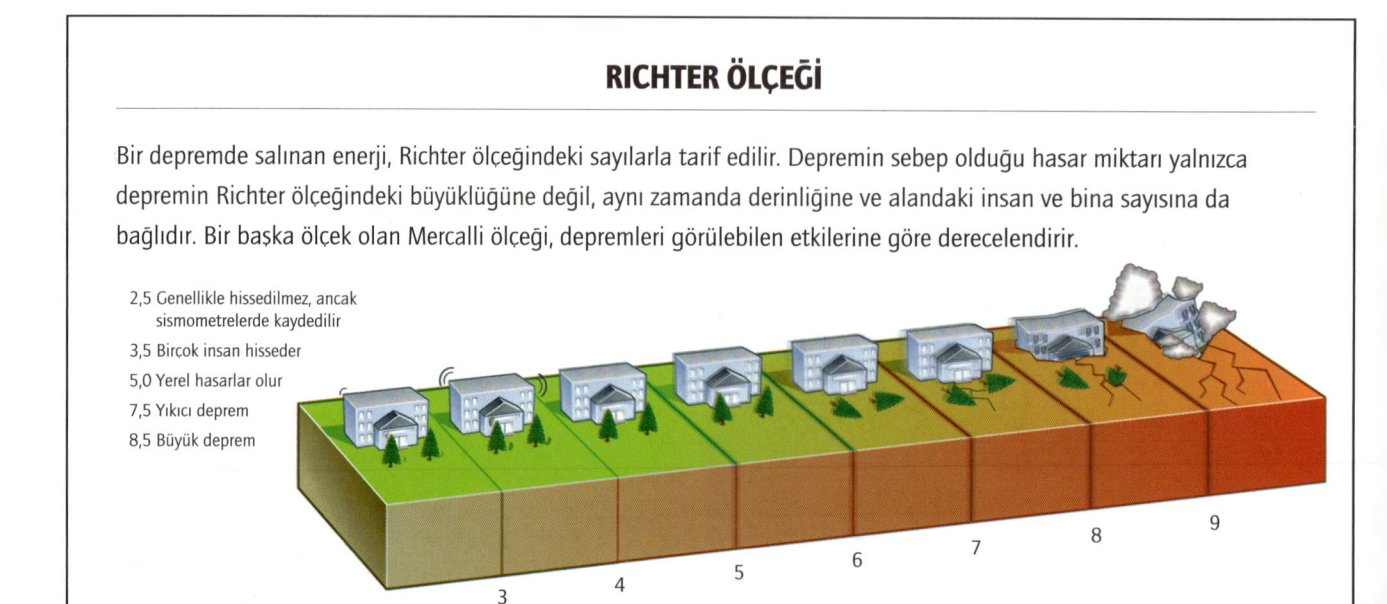

RICHTER ÖLÇEĞİ

Bir depremde salınan enerji, Richter ölçeğindeki sayılarla tarif edilir. Depremin sebep olduğu hasar miktarı yalnızca depremin Richter ölçeğindeki büyüklüğüne değil, aynı zamanda derinliğine ve alandaki insan ve bina sayısına da bağlıdır. Bir başka ölçek olan Mercalli ölçeği, depremleri görülebilen etkilerine göre derecelendirir.

2,5 Genellikle hissedilmez, ancak sismometrelerde kaydedilir
3,5 Birçok insan hisseder
5,0 Yerel hasarlar olur
7,5 Yıkıcı deprem
8,5 Büyük deprem

IŞIK VE SES

atomlar ve moleküller dalganın hareketiyle aynı yönde ileri-geri titreştirilir. Bu, bir gaz ya da sıvıdaki bir ses dalgasındaki parçacıkların hareketiyle aynıdır. Ancak bir katıdaki diğer ses dalgası türünde, atomlar ya da moleküller bir yandan bir yana hareket ederler. Bu dalgalar, bir ucu sabitlenmiş bir halattan, boştaki ucunu sallayarak gönderebileceğiniz dalgalar gibidir.

Deprem araştırmalarında, yan yana dalgalara S (kesme) dalgaları denir ve daha hızlı olan basınç dalgalarına P dalgaları denir. Farklı basınç ve yoğunluk koşulları ile yeryüzü yüzeyinin altında farklı derinliklerde kayaç oluşumu S dalgaları ve P dalgalarının hızlarını etkiler.

Gezegenin yapısındaki çeşitli koşullar, deprem dalgalarının (sismik dalgalar olarak bilinirler) yollarının kıvrılmasına sebep olur. Bir deprem sonrasında dünyanın farklı yerlerine ulaşan dalgaların şekli oldukça karmaşıktır, ancak uzun yılların ardından çözülmesi, yeryüzünün yapısıyla ilgili birçok şeyi ortaya çıkardı. Bu şekillerin incelenmesi, ince yer kabuğunun hafif kayaçlarıyla, yeryüzüyle merkezi arasındaki yolun yarısına kadar ilerleyen mantonun daha yoğun kayaçları arasındaki bir farkı ortaya çıkarmıştır. Ve S dalgalarının içine giremediği, eriyik demir ve nikelden sıvı bir çekirdek olduğunu göstermiştir. Ayrıca, en içeride demir-nikel karışımından oluşan bir katı çekirdek vardır.

Belirli bir noktada bir sarsıntı hissedildiğinde, yer genellikle yan yana ve aşağı yukarı hareket eder. Sismograflar, ya da yer sarsıntısı ölçen aletler, bu sarsıntıları geleneksel olarak kâğıt üzerine, grafik olarak kaydederler. Sismograf, ucunda ağır, serbest şekilde yukarı aşağı sıçrayan ya da bir yandan bir yana sallanan bir kütle olan bir sarkaçtan oluşur. Kütle, dönen bir mekanizmaya yerleştirilmiş bir kâğıda iz bırakan bir kalem taşır. Ağır kütle sabit durma eğilimindeyken, bir sarsıntı sırasında aletin geri kalanı sallanarak kâğıt üzerinde bu dalgalı izi bırakır. Günümüzde bilgiler, mürekkep izinden çok, bilgisayar verileri halinde elektronik olarak kaydediliyor.

SESİN YANSIMASI VE KIRILMASI

Tam karanlıkta bile, etrafımızdaki nesnelerin varlığını hissedebiliriz. Bu yetenek büyük oranda, nesnelerin yansıttığı sesleri bilinçaltında algılamamızdan kaynaklanır. Sesin yansıması ilkesi, su altındaki nesneleri tespit etmek için sonarda kullanılır.

Ses dalgaları, diğer bütün dalga türleri gibi, yansıtılabilir özelliktedir. Katı nesneler tarafından, suyun yüzeyi tarafından ve hatta suyun altında farklı sıcaklıklarda olan su katmanları arasındaki sınır tarafından yansıtılabilir. Yansıyan bir sese, yankı denir.

Uzak bir nesneden gelen yankı, asıl sesle karşılaştırıldığında fark edilebilir şekilde gecikir. Yankı yapması için bağırdığınızda ya da ellerinizi çırptığınızda, her 3 saniyelik gecikme 1 kilometreyi temsil eder. Sesi yansıtan nesnenin uzaklığını anlamak için, gecikme süresini ikiye bölmeniz gerekir çünkü siz yankıyı duyduğunuzda ses her iki yolu da kat etmiş olur.

Yankılar her yerde

Yakın nesnelerden yansıyan yankılar çok belli değildir, ancak duyduğumuz bütün seslerin niteliğini etkilerler. Açık havada yapılan bir radyo programı kulağa, içerde yapılandan oldukça farklı gelir. Devasa bir katedraldeki sesler, küçük bir mutfaktaki seslerden çok farklıdır. Bir odada ses, içinde insan ve çok fazla ses emen kalın perdeler ve döşemeli sandalyeler gibi yumuşak

IŞIK VE SES

> ### BİLİMSEL TERİMLER
>
> - **Akustik** 1. Ses bilimi. 2. Örneğin bir odanın, sinemanın ya da konser salonunun ses niteliği.
> - **Ekolokasyon** Bir nesnenin yönünü ve uzaklığını, nesneye ses titreşimleri yayarak bulma ve yankıları tespit etme. Kullanılan teknolojiye sonar denir.
> - **Yankı** Dinleyiciye ulaşmadan önce bir yüzeyden ya da nesneden yansıyan ve dolayısıyla, dinleyiciye doğrudan ulaşan ana sese göre geciken ses.

Bir askeri helikopter, kenar tarayıcılı sonar dubasını okyanusa indiriyor. Bu gibi aletler, deniz tabanından geri seken titreşimler yollar ve su altındaki, gemi enkazı gibi tehlikeli engelleri ya da patlayıcı mayınların varlığını tespit eder.

mobilyalar yokken, yankı yapar. Bir odanın ya da binanın içindeki sesin özelliğine, sesin akustiği denir.

Çoklu yankılar kafa karıştırıcı olabilir. Örneğin, bir konuşmacıyı dinleyen ancak büyük bir salonun arka taraflarında oturan bir kişi kendisine birkaç yoldan gelen sesleri duyar ancak hepsini aynı anda duymaz. Konuşmacının doğrudan ulaşan sesine ek olarak, duvarlardan ve tavandan yansıtılmalarının ardından çok kısa bir süre sonra da sesler ulaşır. Seslerin bu karışımı, konuşmacının sesini bozar. Böyle yansımalardan, duvarları ve tavanı, köpüklü plastikten yapılmış döşemeler gibi ses emici malzemelerle kaplayarak kaçınılır. İyi tasarlanmış bir sinemada ya da konser salonunda, açılıp kapanan koltuklar, üzerlerine oturan bir insanın yaptığıyla aynı miktarda ses emer. Sonuç olarak, salonun akustik özelliği, koltukların birçoğu boş olsa bile aynı kalır.

Sonar, balıkçılık endüstrisi için çok büyük önem taşır. Küçük balıkçı tekneleri bile balık sürülerini sonarla ararlar. Sonar ekranındaki işaretlerin yardımıyla, deneyimli bir kullanıcı sürünün boyutunu değerlendirebilir ve çoğunlukla hangi tür balık olduğunu da söyleyebilir.

51

SESİN YANSIMASI VE KIRILMASI

Sesin kırılması

Ses dalgalarının yolları hafifçe bükülebilir ya da keskince yansıtılabilir. Diğer dalgalar gibi, ses dalgaları da hızları değiştiğinde genellikle bükülür.

Örneğin, soğuk havaya girdiğinde ses yavaşlar. Normal olarak, yukarıdaki hava, yere yakın havadan daha soğuktur. Yerdeki bir kaynaktan yatay bir açıyla yükselen ses dalgaları, yükseldikçe yavaşlar. Yavaşlama etkisi ses dalgalarını etrafta sürükler ve böylece yukarı doğru bükülürler. (Bu daha çok, kendilerini yavaşlatan zorlu bir arazi üzerinde belli bir açıyla yürüyen bir grup askere benzer. Yürüdükleri yönden sapma eğilimi gösterirler.)

Yukarıya doğru gerçekleşen bu bükülme, yer seviyesindeki sesin şiddetini, kaynaktan biraz uzakta düşürme eğilimi gösterir. Açık havada sesler, biraz uzaktayken, aynı sıcaklıktaki havada olacaklarından daha zayıftır.

YANKI YAPMAK

Ses enerjisinin bir kısmı bir nesneden yansıdığında ve size geri döndüğünde, kendi sesinizin bir yankısını duyarsınız. Kayalık bir yamaç ya da bir binanın duvarı iyi yankı yapar.

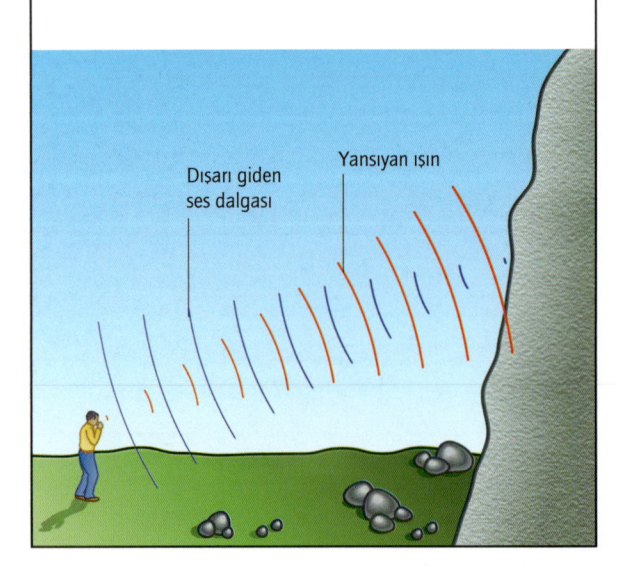

Dışarı giden ses dalgası
Yansıyan ışın

Havanın yükseklerde, yere yakın yerlere göre daha sıcakken bu etkilerin tam tersi olabilir. Bu, belirli hava koşullarında meydana gelir ve havanın don olan zemine yakın yerlerde çok soğuk olduğu kutup bölgelerinde yaygındır. Ses dalgaları yükseldikçe hızlanır ve bu birdenbire aşağı yönelmelerine sebep olur. Böylece, çok uzak mesafelerden hafif seslerin duyulması çoğunlukla mümkün olur.

Esen rüzgâr

Rüzgâr ayrıca, benzer bir nedenden dolayı duyulabilirliği de etkiler. Rüzgâr hızı normal olarak, yükseklikle birlikte artar

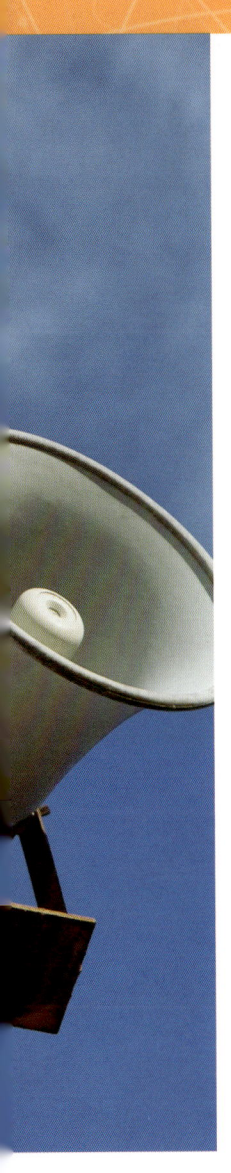

IŞIK VE SES

Bir hoparlör sistemi. Boru biçimli tasarımları, ses dalgalarının yoğunlaştırılmasına yardım eder ve böylece ses dar bir demet haline ilerler. Sisli hava koşullarında, sahil güvenlik istasyonlarındaki hoparlörler denize doğru güçlü bir ses göndererek geçen gemileri kıyıya yakın oldukları konusunda uyarır.

ve bu etki, rüzgâra karşı ilerleyen ses dalgalarının yukarı doğru ve rüzgâr yönünde ilerleyen ses dalgalarının da aşağı doğru bükülmesine sebep olmaktır. Bu durum, sizin karşınızda rüzgâr yönünde duruyorlarken insanları duymanızı kolaylaştırır (bkz. sağdaki çizim).

Sesler bir demet halinde odaklanırsa, duyulmaları kolaylaşır. Ses demeti içerisinde sesler daha güçlüdürler ve demetin dışındaki her yerde daha yavaştırlar. Bir hoparlörün, modası geçmiş bir fonografın ve bir megafonun ses dalgalarını dışarıya bütün yönlere yaymak yerine sınırlı bir demete yansıtmak için tasarlanmış bir bölümü vardır.

DUYMA VE RÜZGÂR

Rüzgâr hızı yükseklikle birlikte genellikle artar. Yerden yukarıda, rüzgâra karşı giden ses dalgaları yavaşlar. Bu yönde giden tüm ses dalgaları bu nedenle yukarı doğru bükülür. Bu sesleri yer seviyesinden duymak zordur. Yüksek rakımdaki, rüzgâr yönünde giden ses dalgaları hızlanır ve aşağı doğru bükülerek duyulmaları kolaylaşır.

Yüksek rüzgâr hızı
Düşük rüzgâr hızı
Konuşmacı — Dinleyici
Yüksek rüzgâr hızı
Düşük rüzgâr hızı

BİLİMSEL TERİMLER

- **Rüzgâr yönünde** Rüzgârın estiği yönle aynı yönde olmak, yani, rüzgârın arkanızdan esmesi.
- **Rüzgâra karşı** Rüzgârın estiği yönün tersi.
- **Yükseltici** Bir radyoda ya da bir ses sisteminde olduğu gibi, bir sesin ya da bir sesi yansıtan bir elektronik sinyalin gücünü artıran alet.

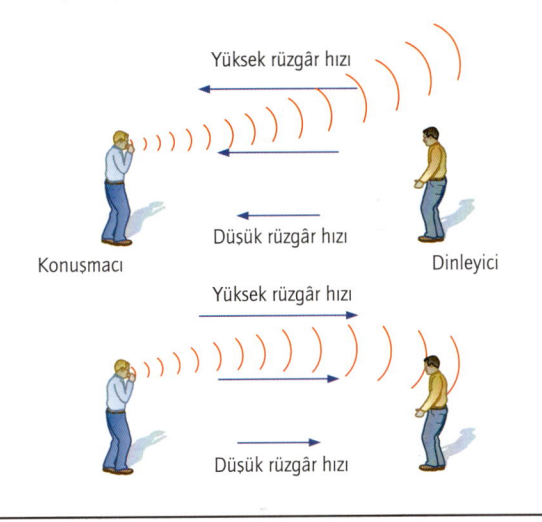

BOLLUK BORUSU CORNUCOPIA

İlk kayıt-çalarlar, ya da fonografların elektronik yükselticileri ya da hoparlörleri yoktu. Ses doğrudan, iğne plak üzerinde hareket ettikçe iğnenin titreşimiyle üretilirdi. Büyük bir boru, zayıf sesi yükseltiyor ve dinleyiciye yöneltiyordu.

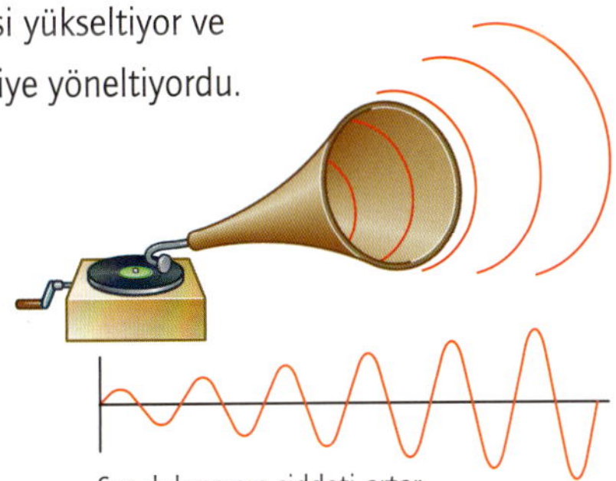

Ses dalgasının şiddeti artar

İNSAN KULAĞI

Kulaklarımız sayesinde, çevremizdeki ses dünyasının bilgisini alırız. Bize seslerin içinde bulunan frekansları söyleyen, seslerin karmaşık analizi kafamızın içindeki gizli yapılarda gerçekleşir. Denge hissimiz de aynı yapılarda bulunur. Tam sağırlık dışındaki duyma bozuklukları, doktorlar tarafından düzeltilebilir.

İnsanlar sesleri, muhteşem karmaşıklıktaki bir algılama mekanizmasıyla tespit ederler. Bizim kulak dediğimiz ve anatomi uzmanlarının kulak kepçesi dedikleri deri parçası, kafanın içlerine uzanan yapının yalnızca dışardaki kısmıdır. Bu yapı dış, orta ve iç kulak adı verilen kısımlara ayrılır.

İç kulaktaki organlar olan yarı dairesel kanallar sayesinde dengemizi sağlayabiliyor, hangi yönde olduğumuzu sezebiliyor ve vücudumuzun nasıl hareket ettiğine karar verebiliyoruz.

BİLİMSEL TERİMLER

- **İç kulak** Kulağın işitme ve denge organlarını barındıran kısmı.
- **İşitme kanalı** Kulağın görülebilen kısmından, ya da kulak kepçesinden kafanın içine giden yol.
- **Kulak salyangozu** İç kulakta bulunan, akışkan içeren ve kendisine bağlı birçok sinir olan sarmal organ. Seslerin saptanmasından sorumludur.
- **Kulak zarı** Dış kulağı orta kulaktan ayıran zar. Ses dalgaları kendisine çarptığında titreşir ve titreşimleri, orta kulakta bulunan, birbirine bağlı küçük kemiklerden oluşan bir zincire geçirir.
- **Yarı dairesel kanallar** İç kulaktaki denge hissini sağlayan kıvrımlı şekilli, akışkanla dolu organlar.

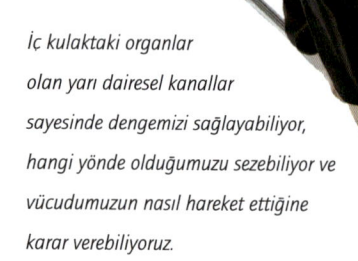

Dış dünyadan gelen sesler, işitme kanalı denen bir yoldan geçer ve kulak zarını titreştirir (bkz. yan sayfadaki çizim). Bu titreşimler üç küçük kemik zincirinden iç kulaktaki, kulak salyangozu denen karmaşık, akışkan dolu bir yapıya aktarılır. Buradaki akışkanın titreşimleri işitme kılları denen küçük, narin hücrelerin titreşerek elektrik sinyalleri üretmesini sağlar. Sinyaller beyne gider ve bir ses algılanır. En derin, en uzun dalga boylu sesler, kulak salyangozunda en uzak yolu kat eder; bu yüzden kulak salyangozunun o uzak kısmındaki işitme kılları titreştiğinde beyin, işitilen seste düşük frekanslar olduğunu "anlar".

Denge sağlamak

Denge hissimiz de, yarı dairesel kanallar denen, birbirine dik açıyla duran üç akışkan dolu kıvrımın olduğu iç kulaktan kontrol edilir. Kafanın hareketleri, kanallardaki akışkanı harekete geçirerek beynin, kafanın yer çekiminin yönüyle ilişkili konumunu ve hareketini hesaplayabildiği

IŞIK VE SES

bilgiyi sağlar. Denge bozukluğu, kanallardaki akışkanın, kafamız hareket etmeyi bıraktıktan sonra hareket etmeyi sürdürmesinden kaynaklanır.

İşitme sorunları

Çeşitli şeyler, hassas işitme mekanizmasını işitme zorluğundan sağırlığa kadar çeşitlilik gösteren durumlarla bozabilir. Kısmi sağırlığın en basit sebebi, işitme kanalındaki bir engeldir; bu engel çoğunlukla kolayca temizlenebilen kulak kiridir. Orta kulağın iltihaplanması (otitis) ise, başarılı şekilde tedavi edilebilen bir başka sebeptir. Tedavi edilmesi daha zor olanlar, kulağın sesi saptayan aygıtı olan işitme siniriyle ya da beynin işitme merkeziyle ilgili sorunlardır. Bu durumda bir işitme cihazı yardımcı olabilir; diğer bir seçenek ise, ses sinyallerinin iç kulağa yerleştirilen bir elektroda eklendiği koklear implanttır.

Bir piyano akortcusu tarafından kullanılan akort çatalları tek bir frekansta saf bir tını çıkarır. Böyle sesler doğada neredeyse bilinmezdir.

KULAĞIN İÇİNDE

Kulak kepçesi bize bir sesin geldiği yönle ilgili bilgi vermek için, kepçe şeklindedir. Ses dalgaları, işitme kanalı boyunca taşınarak kulak zarını titreştirir. Kulak zarının ötesinde, buruna ve boğaza bağlı olan orta kulak vardır. Kulak zarının titreşimleri çekiç kemiği (malleus), örs kemiği (enklum) ve üzengi kemiği (stapes) denen, birbirine bağlı üç kemikten geçirilir. Üzengi kemiğinin hareketi, akışkan dolu iç kulakta titreşimler oluşturur. Kulak salyangozunun sarmal tüpündeki saça benzer hücreler, beyne elektrik sinyalleri gönderir. Akışkan dolu üç yarı dairesel kanal, kafa hareketlerini saptar.

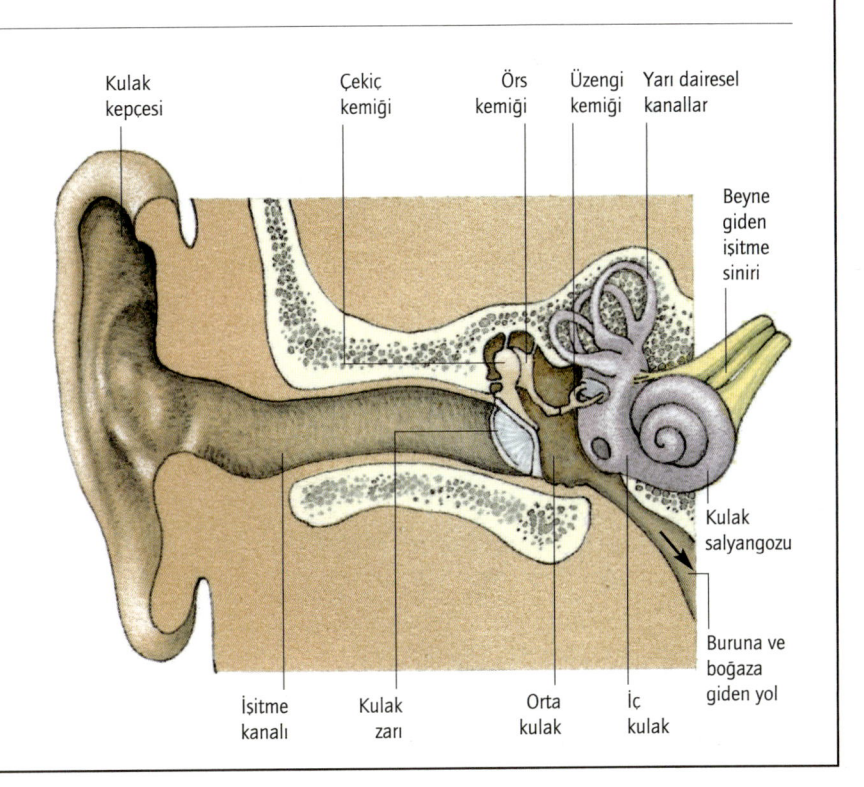

Etiketler: Kulak kepçesi, Çekiç kemiği, Örs kemiği, Üzengi kemiği, Yarı dairesel kanallar, Beyne giden işitme siniri, Kulak salyangozu, Buruna ve boğaza giden yol, İşitme kanalı, Kulak zarı, Orta kulak, İç kulak

55

İNSAN SESİ

İnsan sesi, şaşırtıcı derecede karmaşık ve esnektir. Çenenin, dilin, dudakların, dişlerin ve ses tellerinin ince, kontrollü hareketleri sayısız farklı ses türü üretir. Çocuklar bu kontrol üzerinde, ilk birkaç yaşlarında uzmanlaşırlar, ancak bilim insanları hâlâ, sabırla insan konuşmasının bilinmeyen özelliklerini ortaya çıkarmak için çalışıyor.

İnsan sesi, bir üflemeli çalgı ile bir telli çalgının birleşimi gibi çalışır: akciğerlerden gelen havanın, ses tellerinin arasından üflenmesiyle üretilir. Bu teller boğazın ön tarafında ve nefes borusunun üst kısmında bulunan gırtlakta bulunur (bkz. karşı sayfa).

Ses telleri, nefes borusunda bir V şekli oluşturur. Elastik bir dokuları vardır ve gırtlaktaki kaslar tarafından çekilebilirler. Kaslar gevşediğinde, ses telleri birbirinden uzaklaşır ve aradan geçen hava hiçbir ses üretmez. Kaslar telleri bir arada hareket ettirebilir ve böylece teller,

Ne zaman bağırsak, konuşsak, şarkı söylesek ya da ıslık çalsak, yalnızca nefes alırken gevşek olan ses tellerimiz bir araya gelir.

aralarından geçen havayı titreştirir. Kaslar aynı zamanda telleri sıkıştırarak ses aralığını yükseltebilir ya da gevşeterek ses aralığını düşürebilir.

Ergenlikte, gırtlakta değişiklikler olur. Erkek çocukların ses telleri genellikle daha sıkıca gerilir, böylece sesin aralığı düşer.

SESLERİN ŞEKİLLENMESİ

Burada, ünsüz seslerin bazılarını üreten ağız hareketleri gösterilmektedir. Örneğin B ve P'ye patlayıcı ünsüzleri denir çünkü dudaklar birbirine bastırılarak ve sonra birbirinde ayrılarak patlayıcı bir şekilde hava salar. T ve D'ye diş üstü ünsüzleri denir çünkü bu seslerin çıkması için dil, damağın ön tarafı olan alveolusa kısaca bastırılır. Diğer seslerin farklı sınıflandırmaları vardır.

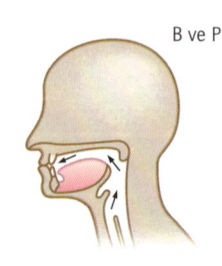

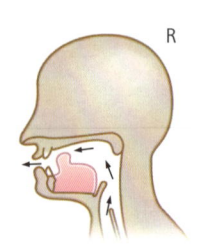

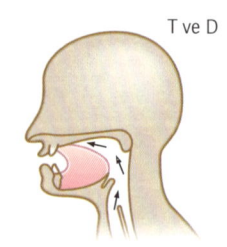

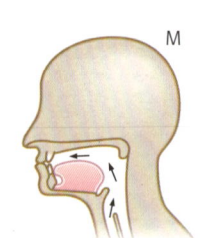

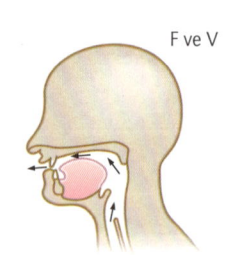

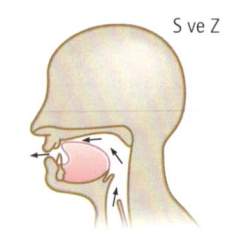

B ve P   T ve D   F ve V

R   M   S ve Z

IŞIK VE SES

Gırtlak kapağı, gırtlağın bir parçasıdır. Bu kıkırdak parçası, bir şey yuttuğumuzda gıda nefes borusuna girmesin ve ihtimalle de bizi boğmasın diye, nefes borusunun üstünü kapatır. Gıdalar, mideye inen tüp olan yemek borusuna gider.

Sesliler ve sessizler

Bazı sesler, ses telleri titreşmeden üretilir. Bunlara sessiz denir ve P ile T seslerini içerirler. Bu seslerin aksine, B ve D sesleri, ses tellerinin titreşimiyle üretilir ve sesli olarak tanımlanır. Ayrıca, bütün ünlü harfler, sesli seslere dahildir.

Gırtlakta üretilen sesler, ağızda değiştirilir. Dili, dudakları ve dişleri karmaşık biçimde hareket ettirerek ünlü ve ünsüz konuşma seslerini oluştururuz. Bazı ünsüzler için dil ve dudak konumları solda aşağıdaki şekilde gösterilmiştir. İnsan konuşmasında geniş bir frekanslar aralığı vardır. Yüksek frekansları saptama yeteneği, ünsüz seslerin birçoğunu bir diğerinden ayırt etmede önemlidir. İnsanlar yaşlandıkça gelişen en yaygın sağırlık biçimleri arasında, sesleri bu şekilde ayırt etmede zorluk vardır.

Ses izleri

Aynı sözcüklerin, farklı insanların seslerindeki frekans karışımında bireysel farklılıklar bulunur. Bu frekanslar elektronik olarak analiz edilebilir ve ses izi denen bir görüntüde gösterilebilir. Bir ses izi, konuşmacıyı, bir parmak izinin bir bireyi teşhis edebileceği kesinlikte teşhis etmek için kullanılabilir. Sıkıcı bir telefon konuşmasının kaydı, şüphelinin ses iziyle karşılaştırılabilen bir ses izine dönüştürülebilir.

BİLİMSEL TERİMLER

- **Gırtlak** İnsanın boğazındaki, ses tellerini içeren organ.
- **Ses telleri** Boğazdaki hava, aralarından dışarı çıkarken titreşerek insan sesini üreten organlar.

KONUŞMA MEKANİZMASI

Ses telleri, boğazın ön kısmında bulunan nefes borusunun üst kısmındaki, gırtlakta bulunurlar. Konuşurken, bir kişi bir yandan ses tellerinin konumlarını ve gerginlikleri değiştirip üretilen seslerin perdelerini çeşitlendirirken, ses tellerinden hava üfler. Ağızın hareketleri, tanınabilir konuşmayı üretmek için seslerde daha fazla değişikliğe sebep olur.

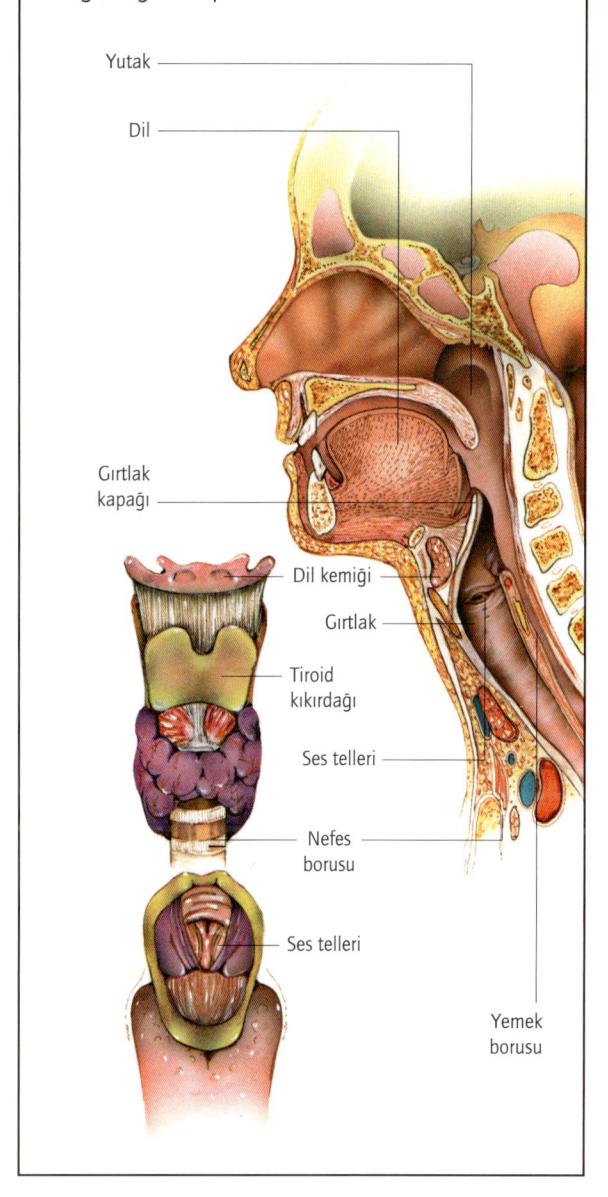

- Yutak
- Dil
- Gırtlak kapağı
- Dil kemiği
- Gırtlak
- Tiroid kıkırdağı
- Ses telleri
- Nefes borusu
- Ses telleri
- Yemek borusu

SESİN KAYDI VE YENİDEN ÜRETİLMESİ

Hiçbir şey, bir anda yok olan sesten daha anlaşılması zor görünmüyor. Ancak sesleri saklamayı, onları dünyanın her yerine göndermeyi, isteğimize göre gürültülü ya da yumuşak hale getirmeyi ve sanki kilmiş gibi biçimlendirmeyi öğrendik. Modern teknolojiyle birlikte, sanatçıların ürettiği vokal ve enstrümantal sesler artık ses mühendisleri için yalnızca ham madde.

İlk ses kayıtları, ses dalgalarının şeklinin tam bir taklidi olan, mumlu bir yüzeydeki çizik izlerden oluşuyordu. Bu izleri, 1877 yılında Amerikalı mucit Thomas Alva Edison (1847-1931) fonografını kullanarak oluşturdu. Bir borunun geniş ucunun önünde bir kişi yüksek sesle konuşuyor ya da şarkı söylüyordu ve ses metal bir plağı titreştirmesi için odaklanıyordu. Plağa iliştirilmiş bir iğne dönen, mum kaplı bir silindirin yumuşak yüzeyinde dalgalı bir iz çiziyordu.

Sesi çalmak için, aynı donanım tersten kullanılıyordu. Silindir dönerek, izdeki bir iğneyi titreştiriyordu. İğne bir

IŞIK VE SES

MANYETİK KAYIT

Kayıt sırasında, silme kafası zaten bandın üzerinde olan sinyalleri kaldırmak için manyetik alanları kullanır. Sonra kayıt kafası, orijinal sese karşılık gelecek bir şekilde bandı manyetize eder. Tekrar oynatıldığında, ikiz manyetizasyon kanalları, her biri bir stereo kanal için olmak üzere, elektrik sinyallerinin kırmızı kafada oluşturulmasına neden olur.

Diyagram etiketleri: Manyetik parçacıklar, Silme kafası, Rastgele manyetizasyon, Düzenli manyetizasyon, Kayıt, Bant, Bant yönü, Kayıt/tekrar oynatma kafası, Sinyal içeri, Sol kanal, Sağ kanal, Yeniden oynatma, Sinyal dışarı

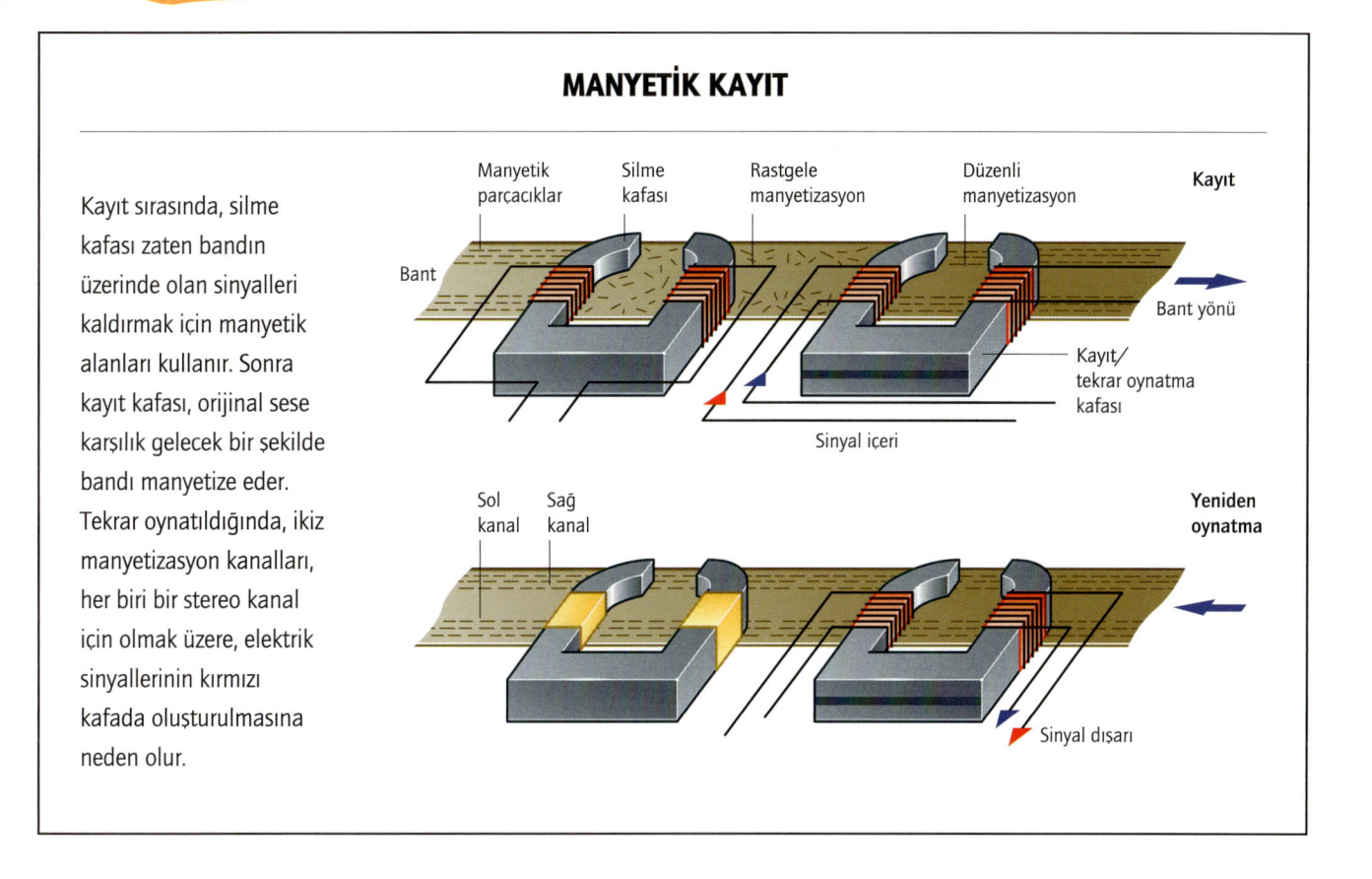

plağa eklenmişti; plak da titreşerek asıl sesin zayıf bir biçimini yeniden üretiyordu ve bu ses büyük bir boru tarafından kuvvetlendiriliyordu.

Kısa bir süre içinde, disklerin silindirlerden daha uygun olduğu anlaşıldı. İlk 78 rpm'lik kayıtlar, gomalak denen bir reçine türünden yapıldı. 1950'lerden sonra, bir plastik türü olan vinil, 33 ve 45 rpm'lik kayıtlar için kullanıldı.

Elektronik kayıt

Ses kaydı, elektronik mikrofonlar ve hoparlörler geliştirilince çok daha iyileştirildi. Elektronik mikrofonlar güç bakımından değişiklik gösteren, sesin anbean değişkenlik gösteren şiddetini temsil eden elektrik akımları üretir. Bu sinyal, asıl diskin kesimini kontrol eder.

1980'lerden beri, minyatürleştirme insanların kişisel stereolarda müzik dinlemelerini mümkün kıldı. Radyo, kaset ve CD'leri kullanan önceki sistemlerin yerini dijital müzik çalarlar aldı.

Bir vinil disk çalındığında, kayıt iğnesinin titreşimleri, bir hoparlörü çalıştırmak için kullanılan bir elektrik sinyaline dönüştürülür.

Manyetik kayıt

Vinil disklerde yapılan kayıt, müthiş bir kalite kazandırdı, ancak bu tür kaydı stüdyo dışında yapmak zordu. Manyetik bant kaydı, amatörler tarafından makul bir standarda kadar gerçekleştirilebildi ve donanım en sonunda taşınabilir ve kullanışlı hale geldi.

Bir manyetik kayıt bandı, metalik parçacıklarla kaplı bir plastik filmden oluşur. Güçlü bir manyetik alana maruz kaldıklarında manyetize olurlar. Kayıt esnasında, bant iki elektromıknatısa sarılır. Bir elektromıknatıs, metal bir çekirdeğin etrafına sarılı elektrik akımı taşıyan bir kablodan oluşur. Akım, metal çekirdeğin artırdığı bir manyetik alan oluşturur. Yani, bütün alet kontrol edilebilir bir mıknatıstır.

SESİN KAYDI VE YENİDEN ÜRETİLMESİ

Bir teyp kayıt cihazındaki ilk elektromıknatısa silme kafası denir ve bu kafanın görevi bant üzerindeki bütün mıknatıslanmayı kaldırmaktır. İkinci elektromıknatısa kayıt/yeniden oynatma kafası denir. Değişkenlik gösteren bir akım, kaydedilmekte olan sesi taşıyarak kafanın içinden akar. Bu, değişkenlik gösteren bir manyetik alan yaratır ve dolayısıyla bandın üzerindeki metal kaplamayı manyetize eder. Güçlü ve zayıf bir manyetizasyon modeli bandın üzerine yerleştirilir.

Tekrar oynatma sırasında, bant kayıt/tekrar oynatma kafasına sarılır. Değişen manyetik alan kafada, değişen bir elektrik sinyali oluşturur ve bu sinyal de sese dönüştürülür.

KOMPAKT DİSK

Bir CD'nin, ya da kompakt diskin alt tarafına, sarmal bir kanal şeklinde dizilmiş milyarlarca minik oyuk oyulmuştur. Düzlük denen, oyuk olmayan bölgeler de vardır. CD çaların kırmızı kafası, disk dönerken diskin ortasıyla kenarı arasında gidip gelir. Kırmızı bir lazer demeti diskin üzerine yansıtılır ve yansımaları saptanarak kaydedilir. Uzun oyuklar ve düzlükler dizisi böylece bir elektronik sinyaller akımına çevrilir. Devamında, bu sinyaller hoparlörlerdeki sese dönüştürülürler.

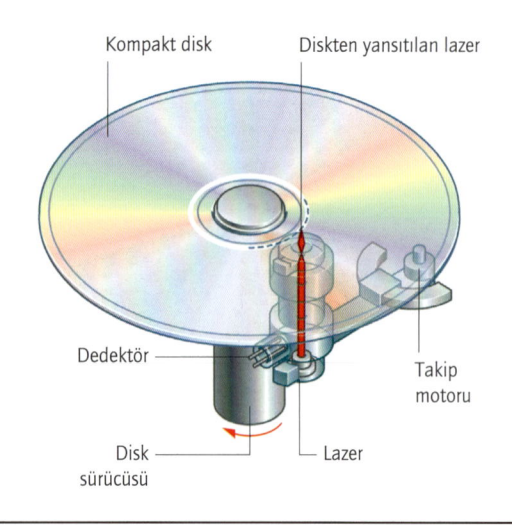

Kompakt disk — Diskten yansıtılan lazer
Dedektör
Takip motoru
Disk sürücüsü — Lazer

BİLİMSEL TERİMLER

- **Analog** Sürekli olarak değişkenlik gösteren bir sinyali ya da ekranı tarif etmek için kullanılır. Analog bir sinyal, gösterdiği şeye benzer: Örneğin, geleneksel bir vinil plak üzerindeki kanal, sesin değişen büyüklüğünün bir resmi gibidir.

- **CD** Kompakt diskin kısaltması; sesleri, görüntüleri ve verileri kaydetmek için kullanılan bir araç. Üzerinde, dijital bilgilerin minik oyuklardan oluşan bir kanal olarak kaydedildiği, metal kaplı plastik bir banttan oluşur.

- **Dijital** Bir şeyi göstermek için rakamları kullanan bir sinyali ya da ekranı tarif etmek için kullanılır. Örneğin, dijital bir saat üzerindeki ekran, zamanı akrebin hareketleriyle göstermek yerine sayılarla gösterir.

- **Manyetik bant** Sesleri ve diğer bilgi biçimlerini kaydedebilen, manyetik bir malzemeyle kaplı bir plastik bant. Bandın her noktadaki manyetizasyon gücü, sesin belirli bir andaki şiddetini gösterir.

Kompakt diskler

Modası geçmiş olan vinil disk analog bir alettir: İzin dalgalı şekli tıpkı bir ses dalgası resmine benzer. Bunun tersine, kompakt disk, ya da CD dijital bir alettir; sesle ilgili bilgileri bir sayı (rakam) dizisi biçiminde depolar. CD, içinde merkezden dışarı doğru olan sarmallarda bir mikrometrenin 0,6'sı büyüklüğünde minik oyuklardan oluşan bir yol olan, plastik kaplı bir alüminyum diskten oluşur.

Yol üzerindeki her konumda bir oyuk olabilir ya da olmayabilir. Bu iki olasılık, 0 ve 1 rakamları ile temsil edilir. İki rakamın kombinasyonları, ikili koddaki bütün sayıları temsil etmek için yeterlidir.

IŞIK VE SES

Bir kayıt stüdyosunun kontrol odasındaki kayıt masasının başında bir ses mühendisi. Mühendisler, her biri çalışmanın farklı birer mikrofonla oluşturulan ayrı kayıtları olan bir düzine parçayı birleştirmek için bu donanımı kullanırlar.

16 rakamdan oluşan her grup, 0 ila 65.535 arasındaki herhangi bir sayıyı temsil eder. Bu, sesin her andaki şiddetine karşılık gelir. Saniyede 44.000'den fazla bu tür grup CD pikap kafasından akar (tabii, çeşitli hata ve bilgi kontrolü türlerini temsil eden çok daha fazla rakamla birlikte). Bir sesi saniyede 44.000'den fazla kez örneklemek, o sesi herhangi başka bir ses kayıt yönteminin başarabileceğinden çok daha yüksek bir doğrulukla temsil etmek için yeterlidir.

MP3 denen yeni bir dijital ortam, 1990'larda ortaya çıktı. MP3, 16 kHz'den yüksek olan (insanlar için üst eşik) sesler gibi normalde duymadığımız sesleri dışarıda bırakarak müziği sıkıştırır. MP3 internet üzerinde popülerdir çünkü parçaların hızlıca indirilmesine olanak sağlar.

DENEYİN

Kâğıttan ses yükseltici

İlk fonografların, kayıttaki sesi yükseltmek için metalden büyük bir borusu vardı. İnsanlar ayrıca, kendi seslerini yükseltmek için de, megafonları kullanırdı. Bu projede, böyle bir boru yapacaksınız ve gözden çıkarabileceğiniz bir plağı dinlemek için kullanacaksınız.

Ne yapmalı?

Birisi yaklaşık 15 cm² ve diğeri de ilkinin iki katı büyüklüğünde iki parça kalın kâğıt kesin. Her kâğıt parçasından, kâğıdı bir köşesinden yuvarlayıp diğer köşesiyle bantlayarak bir koni (külah) oluşturun. Dikkatli bir şekilde, iğnenin ucu diğer taraftan çıkacak şekilde çelik bir iğneyi geçirin. Gözden çıkarabileceğiniz bir plağı (bir "45'lik" uygun olur) döner tablanın üzerine koyun ve çalıştırın. İğnenin ucunu plağın üzerindeki bir kanala koyarken koniyi hafifçe tutun. Bir şey duyabiliyor musunuz? Bu işlemi diğer koniyle de tekrarlayın.

Müzik (ya da plakta ne kayıtlıysa onu) duymanız gerekiyordu. Plaktaki dalgalı kanal iğneyi titreştirir, bu da devamında kâğıttan boruyu titreştirir. Borunun titreşmesi, içerisindeki havanın titreşmesine ve plakta temsil edilen ses titreşimleriyle tam olarak aynı zamanda sesler üretmesine sebep olur. Daha büyük olan boru, daha fazla hava titreştirir ve daha yüksek ses üretir.

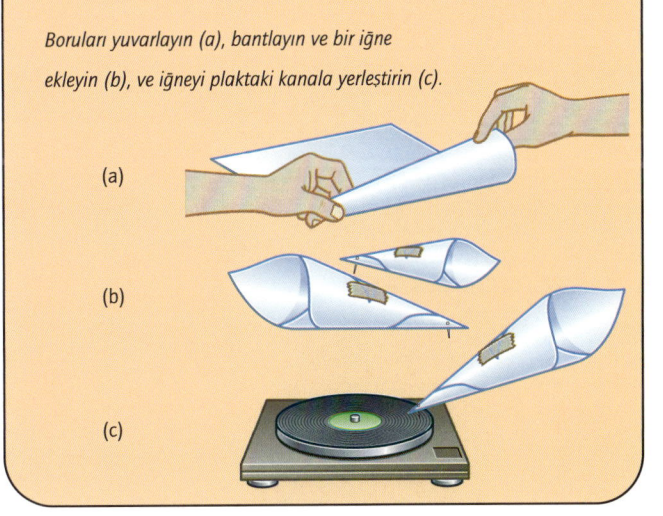

Boruları yuvarlayın (a), bantlayın ve bir iğne ekleyin (b), ve iğneyi plaktaki kanala yerleştirin (c).

(a)

(b)

(c)

SÖZLÜK

Akkor Isıtılan bir nesneden ışık yayılması.

Akkor telli lamba Argon gibi kimyasal olarak etkimeyen bir gazdan az miktar içeren bir cam küre içinde genellikle tungstenden yapılmış bir teli olan elektrik ampulü.

Akustik 1. Ses bilimi. 2. Örneğin bir odanın, sinemanın ya da konser salonunun ses niteliği.

Analog Sürekli olarak değişkenlik gösteren bir sinyali ya da ekranı tarif etmek için kullanılır. Analog bir sinyal, gösterdiği şeye benzer: Örneğin, geleneksel bir vinil plak üzerindeki kanal, sesin değişen büyüklüğünün bir resmi gibidir.

Ay tutulması Dünya'nın, Güneş'in oluşturduğu gölgesinin Ay'ın üzerine düştüğünde meydana gelen tutulma.

Büyüklük Bir dalganın yoğunluğu. Bir ses dalgasının büyüklüğü, şiddetiyle doğru orantılıdır.

CD Kompakt diskin kısaltması; sesleri, görüntüleri ve verileri kaydetmek için kullanılan bir araç. Üzerinde, dijital bilgilerin minik oyuklardan oluşan bir kanal olarak kaydedildiği, metal kaplı plastik bir banttan oluşur.

Dağılma Beyaz ışığın, örneğin bir üçgen prizmayla gökkuşağının renklerine ayrılması. Yağmur damlaları bir gökkuşağında ışığın dağılmasına yol açar.

Dalga boyu Bir dalganın azami yoğunluğunda olduğu iki ardışık konum arasındaki mesafe.

Desibel (dB) Bir belin onda birine eşit bir ses şiddeti birimi. Bir ses, diğerinden 10 dB yüksekse, 10 kat daha yoğundur; 20 dB yüksekse, 10*10 = 100 kat daha yoğundur.

Dışbükey ayna Iraksak ayna da denir, paralel ışık ışınlarının yansımadan sonra dağılarak aynanın arkasındaki bir noktadan (odak) geliyormuş gibi görünmesine sebep olan bir ayna türüdür. Yüzeyi dışarı doğru kavislidir.

Dışbükey mercek Yakınsak mercek de denir, paralel ışık ışınlarının merceğin önündeki bir noktada (odakta) birleşmesini sağlayan bir mercek türü. Yüzeyi dışarı doğru kavislidir.

Dijital Bir şeyi göstermek için rakamları kullanan bir sinyali ya da ekranı tarif etmek için kullanılır. Örneğin, dijital bir saat üzerindeki ekran, zamanı akrebin hareketleriyle göstermek yerine sayılarla gösterir.

Doppler etkisi Bir dalganın frekansındaki, kaynağın ve dinleyicinin göreli hareketinin sebep olduğu değişim. Örneğin, bir ambulans sireninin ses aralığı, araç geçerken düşermiş gibi görünür, sonra dinleyiciden uzaklaşır.

Ekolokasyon Bir nesnenin yönünü ve uzaklığını, nesneye ses titreşimleri yayarak bulma ve yankıları tespit etme. Kullanılan teknolojiye sonar denir.

Elektron Negatif elektrik yüklü bir atomaltı parçacık. Elektronlar bir atomun çekirdeğini çevrelerler.

Floresan ampul Floresan tüp de denir, her iki ucunda elektrotlar olan, cıva buharı içeren bir tüpten oluşan bir elektrik ampulü.

Fotoelektrik hücre Fotosel de denir. Işık vurduğunda elektron yayan silikon gibi bir elementten oluşan, akım üreten bir alet.

Frekans Bir ses dalgası için, hava moleküllerinin (ya da dalga hangi malzemede seyahat ediyorsa oradaki moleküllerin) bir saniyede kaç kez titreştiği.

Geliş açısı Gelen ışın ile bir aynaya ya da şeffaf bir malzemeden oluşan bir kalıbın yüzeyine olan dik açı arasındaki açı.

Güneş paneli 1. Yüzlerce fotoelektrik hücreden oluşan ve örneğin bir uzay aracına elektrik gücü sağlamak gibi amaçlarla kullanılan alet. 2. Siyaha boyanmış, ince bir su deposu. Güneş'in ışınımını emer, böylece su ısınır.

Güneş tutulması Dünya ile Güneş'in arasına giren Ay'ın sebep olduğu tutulma.

Hareketli nokta Genliğin en büyük olduğu, duran bir dalgadaki bir konum.

Hareketsiz nokta Genliğin sıfır (ya da en küçük) olduğu, duran dalgadaki bir konum.

Işığın yansıma yasası 1. Geliş açısı yansıma açısına eşittir. 2. Gelen ışın, dik açı ve yansıyan ışın aynı düzlemde bulunur.

İçbükey ayna Yakınsak ayna da denir, paralel ışık ışınlarının aynanın önündeki bir odağa yansıtılmasına neden olan bir ayna türüdür. Yüzeyi içeri doğru kavislidir.

İçbükey mercek Iraksak mercek de denir, paralel ışık ışınlarının merceğin arkasındaki bir noktadan (odaktan) geliyormuş gibi dağılmasını sağlayan bir mercek türü. Yüzeyi içeri doğru kavislidir.

Kırılan ışın Şeffaf bir malzemeden bir diğerine geçerken kırılan bir ışık ışını.

Kırılma Işık ışınlarının şeffaf bir malzemeden diğerine geçerken bükülmesi.

Mak sayısı Bir nesnenin hızının ses hızına oranı.

Manyetik bant Sesleri ve diğer bilgi biçimlerini kaydedebilen, manyetik bir malzemeyle kaplı bir plastik bant. Bandın her noktadaki manyetizasyon gücü, sesin belirli bir andaki şiddetini gösterir.

Mercek Kırılma yoluyla, içinden geçen ışık ışınının yönünü değiştiren şeffaf bir malzeme.

Prizma Beyaz ışığı gökkuşağının renklerine ayırabilen, şeffaf bir malzemeden yapılan genellikle üçgen bir kalıp.

Ses ötesi ses İnsanların duyamayacağı kadar yüksek frekanstaki ses.

Ses üstü akış Bir akışkanın, o akışkandaki ses hızından daha hızlı akışı. Yarattığı şok dalgalarından anlaşılır.

Şok dalgası Hava ya da su gibi bir akışkanın içinde, o sıvıdaki ses hızından daha hızlı hareket eden bir dalgalanma.

Vakum İçinde hiçbir maddenin atomları ya da molekülleri olmayan, tamamen boş bir alan.

Yansıma açısı Yansıyan ışın ile aynaya olan dik açı arasındaki açı.

Yansıyan ışın Bir ayna tarafından yansıtılan ışık ışını.

Yer çekimi Dünya'nın uyguladığı, yüzeyindeki ya da yüzeyine yakın kütleleri merkezine çeken doğal çekim kuvveti.

Yükseltici Bir radyoda ya da bir ses sisteminde olduğu gibi, bir sesin ya da bir sesi yansıtan bir elektronik sinyalin gücünü artıran alet.

DİZİN

Kalın yazılan kelimeler ve sayfa numaraları ana başlıklara; *eğik* yazılan sayfa numaraları şemalara; altı çizili olanlar ise tanımlara işaret ediyor. Parantez içine alınan sayfa numaraları ise kutularda yer verilen bilgileri gösteriyor.

A
akkor 4
akkor telli lambalar/ampuller 4, 5, (5)
akort çatalları 55
akustik 51, 51
analog 60
ark ışıkları 4-5, (5)
astigmatlık 25
ateş böcekleri *4*, 5
ateş böcekleri 5
aynalar
  "Deneyin" (14)
  düzlem 12-13
  film projektörleri 30-1
  görüntülerin oluşması *12-13*, 13-15, 15
  kavisli (içbükey, dışbükey; ıraksak, yakınsak) *12-13*, 13-15, 15
  ayrıca bkz. yansıma ve kırılma

B
basınç dalgaları (33)
basınç dalgaları (P dalgaları) 48-49
Bell, Alexander Graham 35
beyaz (22)
biyolüminesans 5
boğum (36), 38-39, 38
borular 52-53, 53, (53)
büyüklük 34, 34, (35)
büyüteç 20-21

C
Civa buharı 5, (5)

Ç
çanlar 43, (43)

D
dağılma 18, 20
dalga boyu 34, 34, (35)
dalga kuramı 9
davullar 41-43, *42-43*, (43)
Davy, Humphry 4-5
denge, hissi 54-55, *54*
depremler 48, *49*
desibel 34, 35
dijital 60, 61
diskler
  kompakt diskler (CDler) (60), 60, 60-61
  vinil 59-60
Doppler etkisi 44, (45)

Doppler, Christian (45)
dürbün 28

E
Edison, Thomas Alva 5, 58
ekolokasyon 51
elektrik ışığı 4-5, (5)
elektron 6

F
fener balığı 5
fiber optik 17
film projektörleri 30-31
Fizeau, Hippolyte 10, (11)
floresan ampuller/tüpler 4, (5)
fotoelektrik hücreleri (fotoseller) 6, 6-7, (7)
fotosentez 6, 6-7
frekans 34, (35)

G
Galilei, Galileo 28
gaz lambası 4
gelen ışın 12, (13), (15)
geliş açısı *12-13*, 12, (13), *15*, (15), 17
geliş açısı *12-13*, 12, (13), *15*, (15), 17
gırtlak 57, (57)
gonglar 43
gökkuşağı 22, *18*, 22
gözler 24-25, *24-5*
  anatomisi (24)
  kusurları 25, (25)
Gutenberg, Beno (48)
güneş panelleri 6, 7, *7*, (7)
güneş spektrumu 18, 19
Güneş, enerji kaynağı olarak 6
gürültü 33

H
Hertz, Heinrich 46
hoparlör 46, 52-3
Huygens, Christiaan 10

I
ışık demeti 9, 53
ışık
  demetleri 9
  elektrik 4-5, (5)
  enerji kaynağı olarak 6-7
  gaz 4
  parçacık kuramı 9
  soğuk ışık 5
  üretimi 4-5
  ve renk 22-23
  yayılımı 8, 9
  ışınlar 9

İ
iç kulak 54, (57)
işitme 54-55, (55)
  sorunları 55
  ve rüzgâr (53)
işitme kanalı 54, (55)

K
kameralar 26-28, (26)
  dijital 28
  "Deneyin" (27)
  kadraj 27
  tek mercekli yansıtmalı (SLR) (18), 20, 27
karın (36), 38-9, 38
kesme dalgaları (S dalgaları) 48-9
kırılan ışın (15), 18
kırılma 11
  açısı 15, (15)
  bükülen pipetler 16, (16)
  "Deneyin" (17)
  ışığın 11, 15-17, 15
  ışığın kırılması yasası 15
  kullanımları 17
  sesin 52-53
kırılma açısı 15, (15)
kırılma endeksi 15-16, (15)
kompakt diskler (CD'ler) (60), 60, 60-1
konuşma mekanizması (57)
korona 8-9
kritik açı 17
ksilofon 40-1
kulak salyangozu 54, (55)
kulak zarı 54, 54, (55)
kulaklar 54-55
  anatomisi (55)
küçültücü mercek 21

L
lazerler *10-11*, *30-1*, 31, (31)
Leeuwenhoek, Anton 29

M
Mak sayısı 44, 44-5
Mak, Ernst 45
manyetik bant 60
Mercalli ölçeği 48
mercekler 9, 11, **20-1**, *20*, 26-8
  "Deneyin" (21), (28)
  içbükey/dışbükey (ıraksak/yakınsak) 20-1, (20), 21
  renksemez 21
  sapmaları 21
  teleobjektif 28
metal ksilofon (40)
Michelson, Albert 10, (11)
mikroskoplar 29-30
  basit/bileşik 29-30, (29)
  dürbün 30
MP3 61
Müzik çalgıları 33, 36-43

N
Newton, Isaac 18-28

O
opera gözlükleri 28

P
pentaprizmalar (18), 20, 27
periskoplar 13
perküsyon aletleri 40-3, *40-1*, *42-3*, (43)
  "Deneyin" (41)
pirinç çalgılar 39, *39*
Pisagor 37
prizmalar 10, 11, **18-20**, *18*, *19*
  kullanımları 20

R
renk 22-3, (22)
  ana renkler 22-3
  çıkarma işlemi 23
  "Deneyin" (23)
  ikincil renkler 22-3
  renkli boyaların karıştırılması 23
  renkli ışıkların karıştırılması 22-3
renk sapması 21
renksemez mercek 21
rezonans 47-8
Richter ölçeği (48)
Richter, Charles (48)
Romer, Ole 10
rüzgâr 52-3, (53)
rüzgâr yönünde 53, (53), 53
rüzgâra karşı 53, (53), 53

S
serap 17
ses 56-7, *56*, (57)
ses altı sesler 48, 48
ses dalgaları 32-3, *32-3*, *34-5*, 50
  dalga boyu 34, 34
  özellikleri 34-5
ses demeti 53, 53
ses izleri 57
ses rengi 33
ses telleri 56, 57, (57)
ses üstü 46-9, 46-7, 46
  deniz altı 46-7
  sesli/sessiz 57
Ses üstü akış 44
ses yükseltme
  "Deneyin" (61)
ses
  elektronik 59
  kaydı/reprodüksiyonu 58-61, 58-61
  manyetik 59-60, (59)
ses(ler) 33
  hızı 34-5, **44-5**, *44-5*
  rezonans 47-8
  ses altı 47, 48
  şekillenmesi (ağız hareketleri) (56)
  yansıması ve kırılması 50-3
slayt projektörleri 30, (30)
Snell yasası (15), 16

Snell, Willebord (16)
sonar 47, 50, *50-1*
Swan, Joseph 5

Ş
şok dalgaları 44

T
Tacoma Narrows köprüsü 48
teleskoplar 28
  aynalı teleskop (28)
  Galileo teleskobu 2
  gök teleskobu *12-13*, *26-7*, *28-9*
  mercekli teleskop 28-9
telli çalgılar 36-7, *36*, (36)
titreşim
  "Deneyin" (37), (39), (42)
  deri ve katılardaki 40-3, *40-1*, *42-3*
  hava kolonlarının 38-9
  kulaktaki 54
  ses altı 46-9
  ses üstü 46-9
  telli çalgılar 36-7, *36*, (36)
tutulmalar
  ay/güneş 8-9, *8*, (8), 9
  tam/halkalı/kısmi (9)

U
uzayda güç (7)

Ü
üflemeli çalgılar 38-39, (38), *39*
  "Deneyin" (39)

V
vakum 10
van Leeuwenhoek, Anton 29
vibrafon *40-1*

Y
yanal terslik 13
yankılar 50-2, 51, (52)
  çoklu 51-2
yanma 4
yansıma açısı *12-13*, 12, (13)
yansıma
  açısı *12-13*, 12, (13)
  "Deneyin" (14)
  ışığın 12-15
  ışığın yansıması yasası 12, (13)
  sesin 50-3
  tam iç 17
yansıyan ışınlar 10, 12, 12, (13)
yarasalar 46, (47)
yer çekimi 54
yükseltici 53

Z
ziller *42-3*, 43, (43)

Orijinal kitaba ilişkin

Editör: Lindsey Lowe
Proje Yöneticisi: Graham Bateman
Sanat Yönetmeni: David Poole
Tasarım: Steve McCurdy
Redaksiyon: Peter Lewis
Dizin: David Bennett
Çocuk Kitapları Sorumlusu: Anne O'Daly
Basım Sorumlusu: Alastair Gourlay

Görseller

Ön kapak: *Shutterstock:* dwphotos
Arka kapak: *Shutterstock:* zibedik

1 Photos.com; 3 Photos.com; 6-7 SS: Fedorov Oleksiy; 7 Photos.com; 8 Photos.com; 10-11 Photos.com; 11-13 NASA Marshall Space Flight Center (MASA-MSFC); 19 SS:Ivanagott; 20 SS: Vaclav Volrab; 22 SS: Karl Naundorf; 24 SS: Andrey Armyagov; 26-27 Wikimedia Commons: Vlastní Fotografie; 30-31 SS: Dainis Derics; 32-33 Photos.com; 34-35 Wikimedia Commons: DP76764; 36 Photos.com; 39 Photos.com; 40-41 Photos.com; 42-43 Photos.com; 44-45 Wikimedia Commons: U.S. Navy; 46-47 Photos.com; 49 Photos.com; 50-51 Wikimedia Commons: U.S. Navy; 52 SS: Jbor; 54 Photos.com; 55 SS: Plamens Art; 56 SS: Yuri Arcurs; 58 Photos.com; 61 Wikimedia Commons: eyeliam.

The Brown Reference Group Ltd. bu kitapta kullanılan resimlerin telif hakkı sahiplerine ulaşmak için elinden gelen gayreti göstermiştir. Yukarıda belirtilenler dışında hak sahipliği iddiasında bulunanların The Brown Reference Group Ltd. ile iletişime geçmeleri rica olunur.